KB272467

불안을
잠재우는
문해력 상담소

다봄교육

AI 시대,
더 중요해진 문해력

30만 년 전 인류는 직립보행을 시작하며 두 손이 자유로워졌고, 두개골(전두엽) 공간이 확장되었으며, 조음기관이 발달하였습니다. 자유로워진 두 손으로 신체적 약함을 보완하기 위해 도구를 만들어 사용했고, 공동으로 위험에 대응하다 보니 의사소통 기술이 강화되었습니다. 그렇게 소리를 듣고 이해하고 말로 자기 의사를 표현하는 능력이 인류의 기본 자산이 되었습니다.

반면 읽고 쓰는 능력은 기원전 3200년경 수메르인의 쐐기문자에서 비롯하였습니다. 듣기와 말하기가 '자연적으로 발달'하는 능력이라면, 읽기와 쓰기는 태어난 뒤 '문화적·의식적으로 학습'해야 발달하는 능력입니다. 겨우 5000년 전에 발생한 읽기와 쓰기는 30만 년 전에 발생한 듣기와 말하기에 비할 수 없는, 전혀 다른 차원의 기능이기 때문입니다. 레프 비고츠키는 이를 '문화화'라고 명명하였습니다.

그렇다면 AI가 무엇이든 알려 주고, 계산해 주는 시대에 '문해력'은 왜 필요할까요? 말로 물어보면 말로 대답해 주는 시대에 우리 아이들은 왜 읽기와 쓰기를 공부해야 할까요? 경희대학교 철학과 김재인 교수는 2025년 〈AI에게 생각을 맡기면 인간은 퇴보하리: 챗GPT 등장 이후 학생의 AI 사용이 초래할 위험에 대한 고찰〉이라는 논문에서 말합니다.

> 생성 AI의 교육적 효과는 단지 의심스러운 정도가 아니라 인류 문명을 파멸로 이끌 가능성이 높다. 이는 아무 훈련도 안 되어 있는 학생들이 AI에게 모든 것을 자발적으로 의탁하는 문제와 관련되기 때문이다. (김재인, 745쪽)

김재인 교수의 논거는 간단히 말해 다음과 같습니다. 어느 교사도 사칙연산을 한참 배우는 초등학생에게 계산기를 쥐어 주지 않습니다. 사칙연산을 학습하는 과정에서 작업 기억뿐만 아니라 논리적 사고와 생각이라는 인지 기능이 발달하기 때문입니다. 그런데 공대생에게는 훨씬 다양한 기능을 갖춘 공학 계산기 사용을 허용합니다. 이미 숙달한 계산에 '시간과 노력'을 허비하지 말고 더 복잡한 문제 해결에 사고 활동을 매진하는 게 중요하기 때문입니다. 똑같이 계산기를 사용해도 초등학생의 능력은 오히려 퇴화하는 반면, 공대생의 능력은 더 창조적으로 확장될 수 있다는 것을 우리는 경험으로 압니다.

같은 논리를 AI에 대응해 봅시다. 초등학생에게 AI를 사용해서 학습 과제를 해결하도록 허용하면 어떤 상황이 벌어질까요? 글을 읽고 내용을 요약하는 과제를 AI가 대신하면 훌륭한 결과물이 나오겠지만, 그 능력이 누구의 능력이 될까요? AI 사용이 초등학생으로 한정되지 않는 점이 더 심각합니다. 대다수 인간이 AI에게 생각을 맡겨서 평균 지능이 떨어지고, 극소수 인간만 고도의 생각 능력으로 AI를 더 발전시킬 것이라는 우울한 전망이 여러 연구에서 조명되고 있습니다.

문해력이 소수 지배자의 독점적 권력이었을 때 인류의 꿈이던 '누구나 읽고 쓰는 능력'의 일반화를 위해 '학교교육'을 제도화해 온 역사에서 AI에 자발적으로 읽고 쓰는 능력을 위탁하면서 생각하기를 멈추면 어떻게 될까요? 이런 우울한 전망에서 문해력은 인간이 인간답게 살기 위한 기본적인 역량임을 역으로 확인합니다.

2022 개정 교육과정에서는 문해력을 '기초 소양'으로, 서울시교육청에서는 생각의 힘을 키우는 글쓰기와 서술형·논술형 평가 확대로, 전국적으로는 국제 바칼로레아(IB) 교육과정과 탐구 질문을 중심에 둔 수업으로 AI 시대에 대비하라고 합니다.

이 책은 유아기부터 학령기까지 진짜 문해력을 갖추기 위해 어떻게 접근하는 것이 좋은지 안내합니다. 여기저기 문해력이 중요하다는 말은 무성한데 무엇을 어떻게 접근해야 할지 막막한 학부모들이 문해력 발달의 기본적인 원리와 방향을 찾을 수 있도록 지원하기 위한 책입니다. 지난 10여 년간 예비 학부모 연수를 비롯해 100회 넘게 운영한 강의에서 나온 질문을 모아, 답하는 형태로 집필하였습니다. 처음부터 읽어도 좋고, 각각의 제목을 보고 궁금한 부분을 찾아서 읽어도 괜찮은 방식으로 구성하였습니다.

무엇보다 중요한 것은 언제나 자녀와 부모, 학생과 교사의 소통입니다. 각자 자신의 화면(패드, 전자 칠판, 스마트폰 등)에 얼굴을 박고 앉아 같은 공간에서 다른 세상을 유영하는 것은 유아기와 학령기에 절대적으로 유해합니다. 대면하기, 몸을 부대끼기, 마주하고 대화하기가 문해력 발달의 토대입니다.

얼기설기 모은 글을 그럴싸한 책으로 엮어 준 다봄교육 대표님과 편집자님께 깊은 감사의 마음을 전합니다. 어른이 된 두 딸과 주고받은 '엄마와 편지 공책'은 두 딸뿐만 아니라 저도 방향을 잃을 때마다 꺼내 보는 보물 창고입니다. 이 책이 여러분의 가정에서 그런 보물 창고를 하나쯤 만들어 가는 데 작은 보탬이 되면 좋겠습니다.

2026년 몹시 춥던 겨울을 밀어내며

한희정

차례

3 쓰기 문해력

글쓰기, 어느 정도 해야 할까요?

4 도구적 문해력

교과서·수학·스마트폰 문제, 왜 이렇게 어려울까요?

1

문해력 점검하기

우리 아이 문해력은
어느 정도일까요?

문해력, 왜 이렇게 중요할까요?

문해력(literacy)은 말 그대로 글을 읽고 이해하는 능력을 뜻해요. 우리는 태어나면서 자연스럽게 듣고 말하는 능력을 익힙니다. 인간이 오랜 세월 진화하며 갖춘 능력이기 때문이죠. 하지만 읽고 쓰는 능력은 다릅니다. 의식적인 학습과 꾸준한 노력이 필요해요. 우리가 문자를 사용하기 시작한 역사는 1만 년 정도로, 인류 역사에서 비교적 짧은 시간이기 때문입니다. 그래서 문해력은 후천적으로 키우는 문화적 능력이라고 할 수 있습니다.

최근 기술이 발달하고 기록 방식이 다양해지면서 문해력의 의미도 넓어지고 있어요. 전 세계 어린이의 문해 발달을 위해 노력해 온 유네스코는 문해력을 이렇게 설명합니다. "문해력이란 다양한 상황에서 글과 출판물을 사용해 정의하고, 이해하고, 해석하고, 창작하고, 소통하며, 계산(산출)하는 능력이다(UNESCO, 2018)."

여기서 말하는 '출판물'은 글과 이미지, 영상 등 다양한 형태의 기록물을 포함합니다. 단순히 읽고 이해하는 데서 끝나는 것이 아니라, 적극적으로 활용하고 표현하는 능력까지 문해력의 범위에 들어가요.

정리해 보면 문해력은 크게 '이해하고 해석하는 읽기 능력', '표현하고 창작하는 쓰기 능력', '소통하고 의미를 만들어 내는 읽기·쓰기 능력'으로 나눌 수 있습니다. 이 세 가지는 따로 떨어진 능력이 아니에요. 연구 결과나 교실 현장 경험에서도 읽기와 듣기, 쓰기와 말하기는 밀접하게 연결된 것으로 나타납니다. 읽기는 주어진 내용을 이해한다는 점에서 듣기와 이어지고, 쓰기는 자기 생각을 표현한다는 점에서 말하기와 이어져 있습니다.

문해력이 있다, 없다
기준이 뭘까요?

요즘 아이가 "도무지 글을 읽지 않는다", "교과서를 읽어도 이해를 못 한다", "기본 단어 뜻도 모른다"며 고민하는 어른이 많습니다. 아이들이 다양한 디지털 콘텐츠에 노출되면서 글보다 직관적인 영상이나 이미지 중심 문화에 익숙해진 것도 사실입니다. 아이들은 문자로 가득한 시대에 살면서 정작 문자를 외면하기도 하지요. 하지만 인간을 인간답게 만든 중요한 도구가 문자입니다.

한번 말하면 사라지는 입말과 달리, 글말은 다시 읽고 고쳐 쓰는 과정에서 우리에게 논리적 사고를 선물했습니다. 내가 말하는 내용을 스스로 점검하는 능력, 즉 메타인지도 이 과정에서 함께 발달했습니다. 메타인지는 인간의 전전두엽과 연결된 능력으로, 생각하는 나를 다시 한번 바라보는 힘입니다.

이런 점을 보면 문해력을 걱정하는 마음이 충분히 이해됩니다. 하지만 어떤 단어를 모른다고, 혹은 맞춤법에 약하다고 해서 문해력이 부족하다고 단정하는 것은 위험합니다. 문해력의 핵심은 메타인지입니다. 메타인지는 내가 지금 어떻게 생각하고 있는지 알아차리고, 말하기 전에 예측하고, 다른 사람의 입장과 상황을 고려해 행동하는 능력과 연결됩니다. 즉 자기중심적 사고에서 벗어나 타인의 맥락을 이해하는 힘이 문해력의 핵심입니다.

"네가 이렇게 말했어도 친구는 다르게 느꼈을 수 있어", "엄마는 이런 마음으로 이야기했는데 너는 다르게 받아들였구나", "너는 좋은데 동생은 불편할 수도 있어"와 같은 대화를 통해 아이는 자연스럽게 타인의 관점을 배웁니다. 이것이 바로 맥락을 이해하는 습관입니다.

맥락 이해는 행간의 의미를 읽는 힘, 즉 추론 능력의 출발점이에요. 문장 그대로 받아들이는 아이는 이런 경험이 충분하지 않은 경우가 많습니다. 반복해서 읽으며 문제를 풀기만 하는 방식은 오히려 맥락 이해를 방해할 수 있습니다.

하지만 걱정하지 않아도 됩니다. 맥락을 이해하는 능력은 일상에서 대화하며 키울 수 있고, 재미있는 이야기를 읽는 과정에도 자연스럽게 연습할 수 있습니다. "여기서 주인공이 왜 이렇게 말했을까?", "지금 이 친구는 기분이 어떨까?", "이 말을 들은 다른 친구는 어떤 마음일까?" 이런 질문이 행간 읽기와 추론적 이해의 시작입니다.

아이의 문해력을 키우고 싶다면 책 읽기 못지않게 중요한 것이 있습니다. 바로 생각을 확장하고 타인의 맥락을 헤아리는 습관을 길러 주기입니다. 이 점을 꼭 기억하세요.

문해력 발달에도 적기가 있을까요?

문해력은 발달합니다. 그렇다면 '발달한다'는 것은 무엇일까요? 우리는 태어날 때 호모사피엔스의 기본 능력을 갖추고 있습니다. 하지만 그 능력이 실제로 어떤 모습으로 드러나는지는 태어난 후 어떤 환경과 상호작용 하느냐에 따라 달라집니다. 인간은 주변 환경과 관계를 맺고 배우면서 발달하지요. 이 학습은 두 가지 방식으로 일어납니다.

비형식적 학습: 의도하지 않아도 자연스럽게 이뤄지는 학습

형식적 학습: 의식적으로 노력하고 연습하는 학습

아기가 태어나 부모와 눈을 맞추고 "맘마, 엄마, 아빠" 같은 말을 듣고 따라 하면서 언어를 배우는 것이 비형식적 학습의 대표적인 예입니다. 여기서 단순히 소리에 노출되는 시간이 아니라, 그 언어를 쓰는 사람과 정서적 교감을 나누는 시간이 중요합니다.

예를 들어 아기가 "맘마, 까까"라고 말하면 어른이 먹을 것을 건네며 의미를 연결해 주고, 아이를 안고 노래를 불러 주고, 장난감을 가지고 함께 놀고, 이야기를 해 주고, 유아용 책을 읽어 줍니다. 아기는 이런 경험에서 낱말을 억지로 외우지 않아도 자연스럽게 말을 배우고 문해력의 기초를 쌓습니다.

하지만 말이 크게 자라는 시기에 이런 상호작용이 부족하면 문해력뿐 아니라 인지와 정서 발달에 어려움이 생길 수 있습니다. 아버지에게 학대를 받아 다락방에 갇혀 지내다 열세 살쯤 발견된 지니는 여러 학자가 도움을 주었지만, 일반적인 언어·정서·사회성 발달에 이르지 못했어요. 이 사례는 다소 극단적이지만, 모국어 습득에 결정적 시기가 있다는 연구 가설을 뒷받침하는 예로 자주 언급됩니다.

문해력 발달의 핵심은 초기 상호작용과 정서적 교감입니다. 정서적 교감이란 무조건 웃고 시간을 즐겁게 보내는 것을 의미하지 않

                               불안을 잠재우는 문해력 상담소

습니다. 화날 때는 화나고 속상할 때는 속상할 수 있음을 알려 주고, 감정을 적절히 표현하는 모습을 보여 줘야 합니다. 문제 해결 방식까지 보여 주는 과정에서 아이는 말에 마음을 담는 법을 자연스럽게 배웁니다.

일상 속 작은 대화도 큰 힘이 됩니다. 예를 들어 한 아이가 엄마에게 "매운 게 땡겨?"라고 묻는 장면이 있습니다. 이런 표현은 누가 가르친 것이 아니라, 엄마와 차분히 대화를 나누며 배운 것입니다. 일상의 소소한 대화가 바로 문해력이 자라는 현장입니다.

문해력은 한순간에 커지지 않습니다. 발생적 문해력 → 초기 문해력 → 기초 문해력 → 기능적 문해력으로 가는 과정이 차곡차곡 쌓이는 만큼, 갑자기 좋아지길 기대하기보다 즐겁게 꾸준히 쌓아 가는 과정이 중요합니다. 공든 탑을 세우는 과정이 지루한 훈련이 아니라, 아이와 함께 재미있는 성장 여정이 되도록 돕는 것이 문해력을 키우는 가장 좋은 길입니다.

어린이 문해력 발달

발달단계	교육과정	읽기	쓰기
발생적 문해력	누리 교육과정	그림을 보며 읽기 의미를 기억했다가 읽기	그림 문자적 쓰기 낱말 그리기
↓ 초기 문해력	1~2학년 교육과정	낱말을 소리 내어 읽기 (해독/재인, decoding)	낱자와 낱말 쓰기 (encoding)
↓ 기초 문해력		유창성(자동화) 문장, 짧은 글 읽기 기초적인 사실 이해 읽기	유창성(자동화) 문장, 짧은 글 쓰기 기초적인 언어 수행적 쓰기
↓ 기능적 문해력	3~6학년 교육과정	사실 이해 읽기 추론적 읽기 기초적인 비판적 읽기	언어 수행적 쓰기 의사소통적 쓰기

발생적 문해력(Emergent Literacy, EL): 학교에서 공식적인 읽기·쓰기 교육을 받기 전, 일상에서 자연스럽게 경험하면서 발달하는 문해력의 초기 형태.

초기 문해력(Early Literacy, EL): 한글 해득과 동의어로 소릿값을 인식하고, 문자를 해독(decoding)하고, 낱말을 소리 내어 쓰고, 글자의 짜임을 이해하는 능력.

기초 문해력(Basic Literacy, BL): 초기 문해력을 토대로 낱말과 문장, 짧은 글을 유창하게 읽고 이해하며, 생각이나 경험을 문장이나 짧은 글로 표현할 수 있는 능력.

기능적 문해력(Functional Literacy, FL): 기초 문해력을 토대로 일상생활과 학습, 직업 생활 등에 필요한 사실 이해 읽기, 추론적 읽기, 비판적 읽기와 의사소통적 쓰기가 가능한 능력.

3~5세에는 무엇을 살펴야 할까요?

옛 어른들은 세 살쯤 된 아이를 '고운 세 살배기'라고 불렀습니다. 떼쓰던 아이가 어느 순간 생각과 감정을 문장으로 표현하기 시작하는 모습을 보며 기특하게 여긴 마음이 담긴 말이지요. 아이를 키우면서 이런 흐뭇한 기억이 있을 거예요.

실제로 3~5세는 말이 급격하게 늘어나는 시기입니다. 재잘재잘 끊임없이 말하고 묻고, "옛날 옛적에……" 하며 서사가 있는 이야기를 만들어 들려주기도 합니다. 누가 가르치지 않아도 일상 속 대화와 경험을 통해 이런 능력을 익히는데, 이를 '발생적 문해력'이라고 합니다. 발생은 '출발'을 뜻하며, 이후 문해력이 발달하는 밑거름을 만드는 과정입니다. 이 시기에는 글자를 가르치는 것보다 소릿값과 의미를 연결하고, 다양한 어휘와 표현을 접하며, 말과 이야기의 기본 구조를 자연스럽게 익히는 것이 중요합니다. 이런 과정의 바탕에 '모방'이 있습니다. 가족, 어린이집 친구와 선생님, 자주 보는 영상물 등 아이에게 의미 있는 존재가 가장 중요한 모방 대상입니다. 발생적 문해력 단계에서 중요한 지점을 조금 더 들여다볼까요?

첫째, 소릿값과 의미의 연결입니다. "아빠랑 놀자."라는 말을 듣고 즉시 의미를 이해하는 과정은 겉으로 자연스러워 보이지만, 아이의 뇌에서는 소리를 듣는 측두엽과 의미를 파악하는 전두엽이 연결되는 놀라운 활동이 일어나고 있습니다. 의미가 비슷한 낱말은 서로 가까운 영역에 자리 잡아 소릿값이 입력되면 함께 활성화된다고 합니다.

둘째, 다양한 어휘와 표현에 노출되는 경험입니다. 단순히 단어 소리를 듣는 것이 아니라 상황과 감각, 맥락에서 의미를 이해하는 경험이 중요하지요. 예를 들어 "영수증이 뭐야?"라고 묻는 아이에게 "응, 몰라도 돼."가 아니라 "물건을 사면 돈이나 카드를 냈다고 알려 주는 종이야."라고 설명하는 과정이 어휘를 늘리는 데 도움이 되고 문해력을 키우는 기초가 됩니다.

셋째, 말과 이야기의 기본 구조를 익히는 과정입니다. 일상의 대화, 이야기 들려주기, 책 읽어 주기를 통해 아이는 질문하기, 설명하기, 감정 표현하기 같은 다양한 문장 형태를 자연스럽게 습득합니다. 책을 읽어 준 다음 재미난 표현을 따라 하거나 내용을 떠올려 다시 말하는 경험이 도움이 됩니다.

이 세 가지가 일상의 상호작용에서 자연스럽게 어우러질 때 발생적 문해력이 자랍니다. 억지로 만드는 게 아니라 시나브로 스며드는 과정으로 봐야 합니다. 『달님 안녕』을 수십 번 읽어 달라던 아이가 어느 날 스스로 책장을 넘기며 기억한 내용을 말하듯 읽는 모습이나, 그림을 그려 편지라고 건네고 글자를 흉내 내 기하학적 무늬를 쓰며 문장처럼 읽는 모습이 모두 발생적 문해력이 스며든 결과입니다. 3~5세 문해력은 이처럼 자연스럽고 조용하게, 그러나 단단하게 자랍니다.

왜 아이들 사이에
읽기 격차가 벌어질까요?

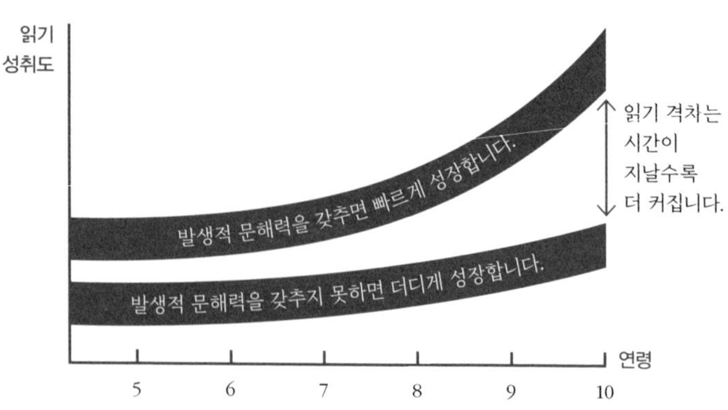

불안을 잠재우는 문해력 상담소

문해력 발달에 '마태효과(Matthew effect)'라는 말이 있습니다. "있는 자는 받아 풍족하게 되고, 없는 자는 그 있는 것마저 빼앗기리라."(〈마태복음〉 25장 29절)라는 성경 구절에서 나온 말이지요. 발생적 문해력이 충분히 발달한 아이는 이후 더 성장하지만, 발생적 문해력이 발달하지 않은 아이는 따라잡기 어려워 격차가 벌어진다는 의미입니다.

연구에 따르면 언어적 상호작용이 빈곤한 가정에서 자란 어린이와 풍부한 상호작용 속에 자란 어린이가 초등학교 입학 전에 사용하는 어휘 수 격차는 3000~4000개에 이른다고 합니다. 이 격차는 학교에서 하는 학습으로 오히려 더 벌어지며, 학업 성취에 큰 장애 요인이 된다고 보고하고 있습니다. 영국은 이런 발생적 문해력 발달 정도를 평가하기 위해 초등학교 입학 전에 다음 항목을 중심으로 학생을 진단합니다.

① **어휘** : 학습했을 것으로 기대하는 낱말 소리를 듣고 의미와 연결하기(3000~5000개)
② **도서 친숙도** : 책을 대하는 모습을 통해 가정의 문해 문화 정도 확인하기

③ **인쇄물 인식**: 책을 읽을 때 왼쪽에서 오른쪽으로 읽는지,
    책장을 앞에서 뒤로 넘기는지 확인하기
④ **서사 능력**: '……했는데 ……해서 ……했대.'와 같은
    도입−전개−결말 구조 이해 확인하기
⑤ **문자 지식**: 소릿값에 따라 글자가 달라지는 것을 인식하는
    지 확인하기
⑥ **음운 인식**: 낱말을 구성하는 소리를 듣고 구분하는 능력
    확인하기

우리나라도 문해력 격차가 점차 심각해지면서 이런 진단 활동을 도입한 학교가 있습니다. 이런 진단은 '줄 세우기'가 아니라, 아이들의 문해력 발달 수준에 맞는 학습을 지원하기 위한 과정입니다. 2024년부터 사용하는 초등학교 1학년 국어 교과서에도 발생적 문해력을 진단하는 과정이 담겨 있습니다. '한글 문해 준비도'라고도 하며, 크게 세 가지로 나뉩니다.

첫째, 시지각 식별 능력을 평가합니다. 'ㅏ'와 'ㅑ'의 시각적인 차이를 변별할 수 있는지 선 따라 그리기 같은 활동으로 손과 눈의 협응 능력을 확인합니다. 도형의 모양을 보며 차이를 찾는 활동으로 시각 정보를 지각하고 과제를 처리하는 능력을 봅니다.

둘째, 도서 친숙도를 평가합니다. 책 앞면과 뒷면을 구분하고, 제목 위치를 확인하며, 책장을 넘기는 방향이나 글을 읽는 방향을 아는지 봅니다.

셋째, 음운 인식 능력을 확인합니다. 이는 소리를 듣고 차이를 구분하거나 같은 소릿값을 찾아내는 능력입니다. 시지각 식별이 'ㅏ'와 'ㅑ'의 시각적인 차이를 구분하는 것이라면, 음운 인식은 [아]와 [야]의 소리 차이가 형태 차이로 나타남을 아는 것입니다. 예를 들어 [가]와 [간]은 [ㄴ] 받침의 소리 차이 때문이며, [가]와 [나]의 차이를 알아차릴 수 있어야 문자 학습이 가능합니다. 음운 인식 능력은 한글 해득에 필요한 능력이며, 끝말잇기 같은 말놀이는 이를 기르는 데 좋은 활동입니다.

발생적 문해력은 읽고 쓰는 능력의 맹아와 같은 단계입니다. 놀이하고 대화하며 문자로 둘러싸인 문화와 환경에서 성장하는 경험 자체가 문해력 발달의 기초가 됩니다. 유아교육의 내용을 정해 놓은 '누리 교육과정'에서 문자에 흥미와 호기심을 갖도록 하는 학습 목표 역시 발생적 문해력을 위한 것입니다. 발생적 문해력 발달을 위한 환경을 충분히 만들어 주지 못했다고 느껴진다면, 지금이라도 스마트폰이나 태블릿 피시를 내려놓고 자녀와 마음을 나누는 대화나 놀이를 시작해 보세요.

일상에서 문해력을 키우는 방법은 뭘까요?

3~5세 자녀의 발생적 문해력 발달을 도와주는 몇 가지 팁을 생활 속 장면에 맞게 정리했습니다.

길을 걸을 때

* 눈에 보이는 새로운 것을 찾는 놀이를 함께 해 보세요.

'단풍나무, 자동차, 오토바이, 참새, 모자 쓴 사람'처럼 눈에 보이는 것을 흘려보내지 않고 '주의'하며 '지각'하는 기능이 발달합니다. 그러다 보면 자연스럽게 관찰력이 길러집니다.

불안을 잠재우는 문해력 상담소

* 눈에 보이는 것으로 문장 만들기 놀이를 합니다. 아이와 하기 전에 어른이 시작해 보세요.

"자동차가 쌩~ 하고 지나가네."

"참새들이 배가 고파서 먹을 거 찾으러 날아가나 봐."

아이가 따라 말하게 하거나 다른 표현으로 바꿔 보게 합니다.

* 어느 단계가 되면 구어체를 문어체로 바꿔 표현해도 좋습니다.

단풍나무가 바람에 춤을 춥니다.

오토바이가 지나가는데, 저도 타 보고 싶습니다.

* '어디만큼 왔나?' 놀이도 할 수 있습니다.

"어디만큼 왔나?"라고 물으면 "단풍나무 보인다!"처럼 묻고 답하는 놀이입니다. 어른이 문답 시범을 보이고, 아이에게 "어디만큼 왔나?" 물어보게 하세요. 그러면 어른이 "자동차가 보인다.", "가로등이 보인다."와 같이 답하며 놀이를 계속합니다. 아이가 놀이에 익숙해지면 역할을 바꿔 어른이 묻고, 아이가 보이는 사물을 답하게 합니다.

놀이터에서 놀 때

몸을 움직이면서 다양한 감각을 깨우고, 이를 말로 표현하는 놀이를 해 보세요.

"미끄럼틀을 타고 슝~."

"미끄럼틀에서 주르륵 미끄러지네."

"미끄럼은 미끄러워서 미끄럼~."

같은 놀이 기구를 탄 경험을 소리나 모양을 흉내 내는 말과 연결하는 놀이입니다. 우리말의 어감 차이를 느끼며 다양한 감각적 표현을 익히는 데 도움이 됩니다.

자동차로 이동할 때

아이가 어려도 오늘 어디에 가서 무엇을 할지 중요한 일정을 말로 전달해 주세요.

"오늘은 엄마, 아빠랑 개똥이 외삼촌 결혼식에 갈 거야. 개똥이 삼촌이 결혼하는데, 결혼하는 곳을 결혼식장이라고 해. 거기에 가면 개똥이 삼촌이 멋진 옷을 입고 기다리고 있어."

이처럼 이야기를 전하며 '결혼식'이라는 문화에 대한 배경지식을 쌓아 줍니다.

"우리 오늘 어디 가게?", "거기 가면 누구 만날 수 있을까?"

불안을 잠재우는 문해력 상담소

처럼 문답으로 주고받을 수도 있습니다. "뭐 타고 갈까?", "우리 집에서 얼마나 멀까?"와 같은 질문도 좋습니다. 다양한 소재로 나누는 대화가 아이의 어휘력과 배경지식을 늘리는 중요한 계기가 됩니다.

한글 학습, 언제 시작하는 게 좋을까요?

유아교육을 마치고 초등학교에 입학하면 '읽기와 쓰기'라는 문해력의 관문이 기다리고 있습니다. 한글을 읽지 못하고 입학하면 학교생활에 어려움이 있을 거라는 주변의 조언 때문에, 미리미리 한글 해득을 위한 사교육을 시작하는 학부모가 많지요? 그러나 우리나라 교육 당국은 초등학교 1학년에 한글을 충분히 배울 수 있도록 국어 교육과정을 만들었으니 '선행 학습'을 하지 말라며, '쉬운 1학년 한글 학습'을 강조합니다.

'한글을 미리 가르치지 말라.'는 교육부와 '한글을 안 배우고 가면 큰일 난다.'는 학부모들의 인식 사이에는 큰 차이가 있습니다. 교육부는 초등학교 1학년 1학기 한글 해득을 위한 수업 시수를 계속 늘리고, 학부모들은 두려움과 조바심으로 점점 더 이른 나이에 한글 해득 사교육을 시작합니다. 어떻게 해야 할까요?

첫째, 문자 교육을 시작하는 적기는 아이마다 다릅니다. 가장 좋은 시기는 아이가 문자에 관심을 보이고 읽거나 쓰고 싶어 할 때입니다. "누구는 3세에 시작했다.", "누구는 4세에 알아서 읽더라." 하는 말은 모두 남의 집 아이 이야기입니다. 먼저 내 아이가 지금 어떤 상황에 있는지 확인해야 합니다.

둘째, 너무 이른 시기에 시작하면 오히려 역효과가 나타날 수 있습니다. 소릿값과 문자의 대응을 이해하고, 자음 소리와 모음 소리가 만나 글자가 된다는 원리를 이해하기 어려운 시기에 억지로 한글 해득 학습을 시키면 문자 학습에 대한 부정적인 정서가 생깁니다. 이런 부정적인 정서는 한글 원리를 이해할 만큼 인지 기능이 발달한 뒤에도 문자 학습을 거부하게 만들 수 있습니다.

셋째, 놀이와 대화, 일상적인 상호작용을 통해 발생적 문해력이 확보된 아이, 즉 자기 생각을 말로 표현하고 대화에 주의를 기울이는 아이는 한글 선행 학습을 하지 않아도 학교에서 충분히 배울 수 있습니다. 학급에서 절대다수가 한글을 익히고 입학했다고 해도 3월부터 진행하는 한글 놀이 학습을 통해 차근차근 익힐 기회가 있습니다.

'남보다 빨리'가 아니라 '우리 아이 속도에 맞춤'이 중요합니다. 그렇다고 한글을 읽고 싶어 하는 아이에게 초등학교에 들어가서 배우라며 기회를 막아도 문제입니다. 다양한 한글 놀이 프로그램이나 교구, 말놀이 등으로 학습 부담을 덜어 주고 문자 세계에 자연스럽게 친숙해지도록 돕는 것부터 시작하길 권합니다.

문자로 가득한 세계에 사는 아이들에게 초등학교 1학년이 될 때까지 한글 공부를 시키지 말라며 유아교육 지침(누리 교육과정)을 통해 문자 교육을 금지하는 교육 당국의 입장은 재고해야 합니다. 교육 당국이 강제하는 비현실적인 당위성이 오히려 만 5세 아이들의 가정환경에 따른 문해력 격차를 늘리고 있습니다. 공교육을 통해서만 문해 환경을 경험하는 일부 아이들과 사교육으로 선행 학습한 아이들의 격차가 큽니다. 한글 선행 학습을 막으려면 유아 공교육뿐 아니라 유아 사교육도 규제해야 합니다.

학교교육에서 '선행 학습 금지'를 강제하는 것을 넘어 사교육도 규제할 수 있어야 합니다. 정부가 놀이처럼 하는 한글 학습

　　　　　　　불안을 잠재우는 문해력 상담소

수준을 넘어선 학습 노동의 실태를 점검하고 계도할 필요가 있습니다. '7세 고시' 관련 보도나 '대치동 도치맘' 이슈에서 보듯이, 과도한 사교육은 어린이 발달과 출발선 평등을 왜곡하고 거주지별 학습 격차를 확대재생산 합니다.

1학년은 무엇을
할 수 있어야 하나요?

발생적 문해력 다음 단계는 초기 문해력입니다. 초기 문해력은 한글 해득 과정으로, 글자를 읽고 쓰고 싶은 글자를 쓰는 능력이지요. 발생적 문해력이 자연스러운 습득에 가깝다면, 초기 문해력은 형식적인 학습을 통해 문자를 읽고 쓰는 방법을 배우는 단계입니다.

초기 문해력은 ①낱자 지식 ②글자와 소릿값의 대응 지식 ③해독하기 ④어휘력 ⑤글자 쓰기, 이렇게 다섯 가지 요소로 나눌 수 있습니다. 초등학교 1학년 국어 교육과정은 이 다섯 가지 요소로 구성됩니다. 하나하나 살펴볼까요?

① 낱자 지식

낱자 지식은 한글을 이루는 자음자와 모음자를 익히는 것입니다. 자모의 모양을 구분하고, 이름을 알고, 그 이름에 대응하는 소리를 인식하는 단계죠. 초등학교 1학년 입학 후 3월 한 달은 '한글 놀이'를 통해 한글 문해 준비도를 확인하거나, 음운 인식을 중심으로 발생적 문해력을 진단합니다. 4월부터 본격적인 초기 문해력 학습을 시작하고, 가장 먼저 자음자와 모음자의 모양과 이름을 배웁니다. 입말 중심 세계에 있던 아이들을 문자의 세계로 초대하는 과정입니다.

② 글자와 소릿값의 대응 지식

낱자 지식을 통해 자모의 모양과 이름을 익힌 다음, 자모 문자와 말소리를 연결하는 지식을 배웁니다. 예를 들어 자음자 ㄱ의 모양은 ㄱ이고 [기역] 소리가 나며, '가지', '고기', '강'과 같이 ㄱ이 들어가는 낱말을 익힙니다. 즉 자모에 대응하는 소릿값을 알고 낱말에서 자모를 찾아 연결하는 지식입니다.

③ 해독하기

해독은 글자와 소릿값의 대응 지식을 기반으로 자음과 모음으로 구성된 글자를 말소리로 전환하는 과정입니다. 예를 들어 '고기'를 보고 [그-오-그-이]라고 소리를 분해해 [고기]로 읽지요. 해독의 초기 단계는 친숙한 낱말을 의미와 함께 읽는 것이고, 완성 단계는 '덩', '쌍'처럼 의미를 모르는 낱말도 읽을 수 있는 것입니다.

5월이면 자음+모음 글자와 낱말(예: 소, 자, 기차, 고구마), 이어 자음+모음+자음 받침 글자(예: 감, 솔잎, 강아지)를 읽습니다. 이중모음이 들어간 '애기, 귀신, 왜냐하면' 같은 글자 읽기도 배웁니다.

6월에는 낱말이 모여 문장이 되는 구조를 익히고, 문장을 만들어 읽습니다. 빈칸에 적절한 낱말을 채우는 활동도 병행합니다. 이 시기에는 문장을 소리 내서 읽는 활동을 매일 10분씩 꾸준히 하는 것이 필요합니다. ▶ [참고: ⓰ 읽기 유창성에서 막히면 어떻게 하나요? ⓲ 소리 내어 읽기는 얼마나 해야 하나요?]

1학년 2학기 국어 교과서의 시작은 '해독' 평가입니다. 교과서에는 1학년 수준에서 친숙하고 의미 있는 낱말과 의미가 없는 낯선 낱말이 제시됩니다. 친숙한 낱말뿐 아니라 무의미한 낱말도 정확히 읽을 수 있는지 평가합니다.

④ 어휘력

　어휘력은 낱말의 뜻을 아는 능력입니다. 어휘력은 한글 학습뿐 아니라 글을 읽고 이해하는 능력에 큰 영향을 미칩니다. 낱말 뜻을 파악하려면 문자 기호를 지각하고, 형태를 시각적으로 지각하고, 소릿값을 떠올려 전두엽에 저장된 어휘망(mental lexicon)과 연결할 수 있어야 합니다. 예를 들어 '교실'을 보고 [교실]이라는 소리를 떠올려 '학교, 선생님, 친구, 학습' 같은 낱말의 뜻과 연결하지요.

　어휘력은 마음속 옷장에 비유할 수 있습니다. 옷장이 커서 옷걸이가 많으면 새 어휘를 적절한 자리에 걸어 두지만, 옷장이 좁으면 새 어휘는 방치되어 잊히기 쉬워요. 발생적 문해력은 옷장을 넓히고 옷걸이를 늘리는 과정입니다. 책 읽기와 대화는 옷걸이에 어휘를 채우는 활동이고요.

　챗GPT와 같은 생성형 AI가 의미를 '이해'하는 것이 아니라 확률이 높은 단어를 조합해 문장을 생성하듯, 우리 어휘도 유사한 것끼리 묶여 활성화됩니다. 특정 인물의 이름은 잊어도 얼굴이나 책 제목을 기억하는 이유 역시 맥락에서 의미가 생성되기 때문입니다.

⑤ 글자 쓰기

글자 쓰기는 소리를 문자로 기록하는 것입니다. 글자 쓰기 과정은 의미 없이 따라 쓰기(transcription)와 의미를 담아 쓰기(encoding) 두 단계로 나뉩니다. 따라 쓰기는 덮어 쓰기, 점선 따라 쓰기, 베껴 쓰기, 받아쓰기 등이 있죠.

1학년 1학기 국어 교과서는 주로 덮어 쓰기, 따라 쓰기, 베껴 쓰기로 구성됩니다. 이런 활동은 자음자와 모음자의 모양을 익히는 데 필요합니다. 하지만 글자 쓰기의 목적은 결국 '글쓰기(writing)'입니다. 내가 표현하고 싶은 말을 글로 적기 위해서죠. 의미 없이 덮어 쓰고 베껴 쓰는 것은 글쓰기의 준비 과정일 뿐입니다.

쓰기 학습이 어려운 이유는 고차원적 정신 기능을 요구하기 때문이에요. 먼저 쓸 말을 떠올리고, 소릿값을 생각해 음소로 분해하고, 이를 다시 문자로 적어야 합니다. 예를 들어 '나는 오늘 학교에 갔다.'를 쓰기 위해 [나-는-오-늘-학-교-에-갔-다]처럼 소리를 분해하며 쓴 경험을 떠올려 보세요. 의미를 떠올리고 소리로 분해하고 문자로 쓰는 과정은 이중 추상화가 필요합니다. 그래서 어렵지만 어려운 만큼 쓰기를 통해 정신 기능이 발달합니다.

　1학년 1학기에는 문장의 빈칸에 알맞은 낱말을 넣는 수준의 쓰기를 배우고, 2학기에는 그림일기를 쓰며 겪은 일을 문장으로 표현하는 연습을 합니다. 글자를 쓸 줄 알아도 어떤 내용을 써야 할지 모르면 어려움을 느낄 수 있습니다. 하고 싶은 말을 떠올리고 의미화할 수 있도록 경험을 나누는 대화를 많이 하는 것이 좋습니다.

겪은 일을 말로
표현하지 못해요

인간은 의미를 찾는 동물입니다. 영화 〈인사이드 아웃〉을 보면 주인공 라일리의 여러 가지 경험이 장기 기억에 저장되는 것과 기억의 쓰레기장으로 사라지는 것으로 나뉩니다. 이 둘을 구분하는 기준은 라일리에게 의미 있는 경험인가, 아닌가입니다. 여러분의 기억에 오래 남은 것도 결국 '자신에게 의미 있는 경험'입니다.

초등학교 1학년 아이들에게 지난 주말에 있었던 일을 이야기해 달라고 하면 어떤 아이는 기승전결에 맞춰 생생하게 들려주고, 어떤 아이는 "몰라요. 기억 안 나요."라며 난처해합니다. 두 아이의 차이는 경험을 '의미화'하여 기억하는 능력이 발달했느냐, 발달하지 않았느냐입니다. 내가 경험한 것을 적극적으로 인식하며 참여하는 아이와 누군가 준비해 준 활동을 그저 따라 하는 아이는 경험을 받아들이는 방식부터 다릅니다.

'경험의 의미화'란 내가 겪은 일에 의미를 담아 기억하는 것입니다. 기억에는 단기 기억과 장기 기억이 있습니다. 멋지고 인상적인 사건, 충격적인 사건은 계속 떠올리고 되새기면서 장기 기억에 저장됩니다. 반면 반복적이고 특별하지 않은 사건은 쉽게 잊힙니다. 바로 어제 일조차 떠올리지 못한다면 경험에 의미를 부여하며 기억하는 습관이 형성되지 않았기 때문입니다.

경험의 의미화는 저절로 이루어지지 않습니다. 단기 기억 속 경험을 꺼내어 말로 표현하는 '의미화의 경로'가 발달해야 합니다. 물놀이한 뒤 "물놀이 재미있었어?", 저녁을 먹고 나서 "어떤 게 맛있었어? 다음에 또 먹고 싶은 건 뭐야?"라고 묻고 답하는 상호작용 속에 아이는 경험을 되새기며 의미를 부여하는 연습을 합니다. 어린이집이나 학교에서 돌아온 아이에게 그날 경험한 것을 한 가지씩 물어보는 '마주 앉아 이야기하는 시간'이 필요한 이유가 여기 있습니다. 이런 경험이 쌓여야 아이가 주도적으로 경험하고 생각하는 사람으로 자랍니다.

경험의 의미화는 결국 말로 표현하는 것입니다. 어떤 일이 있었는지, 그때 어떤 생각과 느낌이었는지 설명할 수 있어야 합니다. 이렇게 경험을 받아들이고 의미를 부여하는 말하기를 꾸준히 하면 '쓰기' 학습에도 큰 도움이 됩니다. 쓰기는 말하기에서 글쓰기로 옮겨 가는 과정이기 때문입니다. 글자를 잘 읽으면서도 일기 쓰기를 어려워하는 아이는 '무슨 말을 써야 할지 몰라서' 쓰지 못하는 경우가 많습니다. 반대로 경험을 말로 풀어 내는 연습을 한 아이는 쓰고 싶은 말이 자연스럽게 떠올라서 글쓰기를 어려워하지 않습니다.

책을 읽고 '독서 후 활동'을 하고, 체험하고 '체험 후 활동'을 하라는 것도 경험의 의미화에 있는 학습 효과 때문입니다. 초등학교 3학년 국어 교과서에 다양한 독서 후 활동 예시를 제시한 이유 역시, 경험을 의미화해 자기 것으로 만들고 장기 기억으로 저장하기 위함입니다.

저학년이 키워야 할
문해력은 뭘까요?

기초 문해력은 한글을 읽고 쓰는 기본 능력(초기 문해력)이 바탕입니다. 한글을 아직 정확히 읽지 못하면 초기 문해력의 어느 부분이 막혔는지 확인해 먼저 그 부분을 도와줘야 합니다. 기초 문해력의 핵심 목표는 읽기와 쓰기가 자동화되어 유창성을 갖추는 것이기 때문입니다.

읽기가 자동화된다는 것은 글자를 볼 때 '소리를 만드는 과정'을 하나하나 생각하지 않아도 소리와 의미로 이어지는 것을 말합니다. 쓰기도 마찬가지로 말하고 싶은 내용을 어떻게 쓸지 고민하지 않고 글자로 적을 수 있을 때 자동화가 된 것입니다.

기초 문해력은 네 가지 요소로 구성됩니다. 이 네 가지는 차례대로 배울 수도 있지만, 실제로는 맞물리며 함께 발달합니다. 예를 들어 읽기 유창성을 키우기 위해 소리 내어 읽기를 꾸준히 하면 자연스럽게 문장 읽기와 짧은 글 이해력이 좋아지고, 하고 싶은 말을 글로 쓰는 연습을 자주 하면 문장 쓰기와 기본적인 글쓰기 능력도 좋아집니다. 각각을 살펴보면 다음과 같습니다.

① 유창성

유창성은 글을 막힘없이 읽는 능력인 '읽기 유창성'과 하고 싶은 말을 막힘없이 쓰는 능력인 '쓰기 유창성'으로 나뉩니다. 읽기 유창성은 문장이나 문단을 알맞은 속도로 정확하게 읽고, 내용에 맞춰 자연스럽게 억양을 넣어 읽는 능력입니다. 쓰기 유창성은 떠오르는 말을 막힘없이 글자로 옮기는 능력이고요. 이때 '막힘없이'란 맞춤법이나 띄어쓰기의 정확성과 관계가 없습니다. 쓰기 유창성이 충분하지 않은 아이에게 맞춤법이나 띄어쓰기 같은 정확성만 강조하면, 쓰기를 더 어려워하고 글쓰기에 대한 흥미를 떨어뜨릴 수 있습니다.

읽기 유창성은 소리 내어 읽기로 시작하는 것이 좋아요. 초등

　　　　　　　　　　　　불안을 잠재우는 문해력 상담소

학교 1~2학년 때는 매일 10분씩 소리 내어 읽고, 읽은 내용에 대해 짧게 대화하는 것이 효과적입니다. 이렇게 하면 읽은 내용을 의미화해서 기억하는 데 도움이 되고, 읽기 유창성도 좋아집니다. 읽기 유창성을 키우는 단계에서 정확하게 읽는 것을 강조하면 오히려 해가 될 수 있습니다. 정확하게 읽는 데 신경을 쓰다 보면 심리적으로 위축되고 스트레스가 쌓여 읽는 활동 자체를 꺼릴 수 있습니다.

초기에는 실수하더라도 읽으려고 애쓰는 것을 칭찬하고 격려해 주세요. 잘못 읽을 때마다 지적하는 것은 금물입니다. 정확하게 읽을 능력이 있는 어른도 소리 내어 읽을 때 맥락을 따라가다가 잘못 읽는 경우가 있습니다. '오독'은 읽기 유창성을 키우는 데 필요한 과정입니다. 읽기 초기 단계에서 정확성을 너무 강조하면 안 된다는 점을 꼭 기억하세요.

② 문장 읽기와 쓰기

문장 읽기와 쓰기는 문장을 읽고 이해하며, 경험이나 생각을 문장으로 적는 능력입니다. 먼저 물어보는 문장, 느낌을 나타내는 문장, 설명하는 문장처럼 상황에 따라 문장의 형태가 달라진다는 점을 이해해야 합니다. 1학년 1학기에는 문장 만들기와 문장부호(마침표, 쉼표, 느낌표, 물음표)를 배우고, 이를 넣어 읽는 연습을 하지요. 기초 문해력 단계에서는 이런 문장 형태를 읽고 쓸 수 있어야 합니다.

다음으로 문장을 확장하는 능력이 필요해요. 기본적인 문장 구조에 꾸미는 말이나 흉내 내는 말 등을 넣어서 문장을 늘리는 것입니다. 예를 들어 볼까요?

"단풍이 떨어졌다."

"울긋불긋한 단풍이 떨어졌다."

"울긋불긋한 단풍이 하나둘 떨어졌다."

"어디선가 불어온 바람에 울긋불긋한 단풍이 하나둘 핑그르르 떨어졌다."

마지막으로 이런 연습을 통해 문장구조를 익혀야 합니다. 문장에서 주어와 서술어를 찾아보고, 일상 대화에서도 문장의 기본 구조를 자연스럽게 알아채는 단계입니다. 이는 그동안 자연스럽게 익혀 온 우리말의 문법을 의식적으로 분석하고 파악하는 과정이에요. 우리가 듣기와 말하기를 통해 습득한 말을 문법적 용어로 분석해 더 정확하게 사용할 능력을 키우는 밑바탕을 형성하는 것이지요. 주어와 서술어 같은 문법적 접근은 초등학교 3학년 과정부터 조금씩 배웁니다.

③ 기초적인 사실 이해 읽기

기초적인 사실 이해 읽기는 짧은 글을 읽고 중요한 내용을 대략 파악하는 능력입니다. 모든 내용을 완벽히 이해하지 못해도 글에서 가장 중요한 사실을 알아차릴 수 있으면 됩니다. 이는 읽기 유창성, 문장 읽기와 쓰기 능력이 갖춰졌을 때 가능합니다.

설명하는 글이라면 '무엇을 설명하는지', '주요 특징이 무엇인지' 찾을 수 있어야지요. 이야기 글이라면 '누가 등장하는지', '무슨 일이 일어났는지', '원인과 결과는 무엇인지' 파악해야 합니다. 책을 읽거나 공연 혹은 영상을 보고 내용의 핵심을 함께 이야기하는 시간이 기초적인 사실 이해 읽기 능력을 키우는 데 큰 도움이 됩니다.

④ 기초적인 언어 수행적 쓰기

언어 수행적 쓰기는 글의 기본 규칙을 지키며 쓰는 능력이에요. 글자를 바르게 쓰고, 맞춤법과 띄어쓰기를 알고, 문장부호를 알맞게 사용하는 단계입니다. 쓰기 유창성을 키우기 위해서는 2학년 때까지 자주 틀리는 부분만 간단히 알려 주고, 본격적인 맞춤법 교정은 3학년 이후에 시작하는 게 좋습니다. 띄어쓰기가 안 되면 책을 읽을 때 띄어 쓴 부분마다 표시해 시각적으로 익히는 방법도 있습니다.

글자를 읽고 쓰는 데 쓰이던 작업 기억(working memory, 단기 기억)은 점차 내용을 이해하고 말의 흐름을 생각하는 데 쓰이고, 이 과정에서 기초적인 사실 이해 읽기와 언어 수행적 쓰기가 확장됩니다. 글을 읽을 때 글자 하나하나에 신경 쓰지 않으면서 앞뒤 흐름을 이해하기 쉬워지고, 글을 쓸 때도 문장 연결이나 내용 구성에 더 집중할 수 있습니다. 이렇게 기초 문해력이 탄탄해지면 자연스럽게 기능적 문해력으로 이어집니다.

학년별로 진단해야 할 문해력 핵심은 무엇인가요?

초등학교 1~2학년 과정을 거치며 초기 문해력과 기초 문해력을 익힌 아이들은 이제 읽기와 쓰기를 도구적으로 활용하는 단계에 들어갑니다. 읽기와 쓰기를 '목적에 맞게' 사용하는 법을 배우기 시작하는 기능적 문해력 단계입니다. 3~6학년 과정에서는 일상생활, 학습, 직업 생활 등에 필요한 사실 이해 읽기, 추론적 읽기, 비판적 읽기를 단계적으로 배우고, 언어 수행적 쓰기와 의사소통적 쓰기를 연습하면서 글의 목적에 따라 적절한 형식으로 글 쓰는 방법을 익힙니다.

3학년이 되면 문장과 문장이 모여 '문단'을 이루고, 문단이 모여 한 편의 글이 된다는 글의 형식적 요건을 배웁니다. 글의 구조에 대한 배경지식이 있어야 글을 더 잘 이해하고, 이를 바탕으로 글을 쓸 수 있기 때문입니다. 그래서 3학년 읽기에서는 설명문, 논설문, 친교와 정서를 표현한 글 등 다양한 글을 읽으며 문단을 나눠 보고, 문단의 중심 문장을 찾고, 내용을 간추려 글의 중심 생각을 알아보는 활동으로 이어집니다.

3학년에게 다소 어려워 보일 수 있으나 이는 '맛보기' 수준이며, 초등학교 고학년과 중학교, 고등학교까지 이어지는 긴 여정의 출발일 뿐입니다. 이때 완벽하지 않더라도 조급해하지 말고 차근차근 기초를 쌓으면 됩니다.

읽기는 목적에 따라 ①사실 이해 읽기 ②추론적 읽기 ③비판적 읽기 ④읽기 과정 점검하기로 나눌 수 있습니다. 초등학교 3학년 국어 교과서에 나온 다음 문단을 예시로 살펴봅시다.

옛날에는 어떤 과자를 먹었을까요

우리 조상은 여러 가지 한과를 만들어 먹었습니다.
한과는 전통 과자를 말합니다.
한과에는 약과, 강정, 엿처럼 여러 가지가 있습니다.
요즘에는 한과를 주로 시장에서 사 먹지만, 옛날에는 한과를 집에서 만들어 먹었습니다.

　　　　　　　　　　　불안을 잠재우는 문해력 상담소

이 글에서 사실 이해 읽기는 글에 나와 있는 사실을 파악하는 능력입니다. '우리 조상이 만들어 먹던 전통 과자를 무엇이라고 하나요?'라는 질문에 '한과'라고 답을 찾는 것이지요. 추론적 읽기는 글의 내용을 이해하면서 글에 드러나지 않은 내용을 미루어 짐작해 보는 것입니다. '왜 옛날에는 한과를 사 먹지 않고 집에서 만들어 먹었을까?'라고 묻고 이유를 찾아 답하는 과정이에요. 3학년 국어 교과서에 나오는 읽기 과제는 주로 사실 이해 읽기 관련 질문으로 구성됩니다.

비판적 읽기는 주장하는 글에서 글쓴이의 생각과 자기 생각을 비교하며 주장의 타당성을 수용하거나 반대 의견을 제시하는 방법입니다. 3~4학년 과정에서는 '의견'이 무엇인지, 내 생각과 어떤 점이 같고 다른지 비교하는 것을 배우고, 5~6학년에서는 주장하는 글의 내용을 이해하고 이에 대한 비판적 의견을 제시하는 방법을 배웁니다.

읽기 과정 점검하기는 메타 읽기, 즉 글을 읽는 나를 점검하면서 읽는 것입니다. 내가 글을 주어진 목적에 맞게 읽었는지, 핵심을 잘 파악하고 있는지 확인하는 과정으로 읽기에서 가장 중요한 자기 성찰 능력을 기릅니다. 그래서 단원마다 '자기 평가하기' 활동이 제시되고, 이는 전체 학습 과정을 돌아보는 데 도움이 됩니다.

3학년 쓰기는 겪은 일이나 마음을 표현하는 글쓰기가 주가 되지만, 문단 쓰기가 도입된다는 점이 1~2학년과 다릅니다. 시간의 흐름이나 장소의 변화에 따라 문단을 나누어 쓰는 방법을 아주 초보적으로 배웁니다. 5~6학년에서는 설명하는 글, 주장하는 글, 체험에 대한 감상을 표현하는 글을 세 문단 이상으로 조직해서 쓰는 방법을 익힙니다.

언어 수행적 쓰기 다음 단계인 의사소통적 쓰기는 글의 목적에 따라 ① 정보를 전달하는 설명문 쓰기 ② 설득하기 위한 논설문 쓰기 ③ 친교와 정서를 표현하는 편지나 수필 쓰기 ④ 쓰기 과정을 돌아보고 글을 고치는 활동으로 나누어집니다. 3학년 과정에서 문단을 배웠기 때문에, 본격적인 문단 나누어 쓰기는 4학년부터 시작합니다. 5~6학년에서는 쓰고자 하는 내용에 따라 문단을 어떻게 구성해서 글을 쓸지, 즉 쓰기 전략을 배웁니다.

기초 문해력 단계에서 겪은 일을 글로 쓰기를 두려워하지 않은 아이는 이제 질적으로 도약할 시기입니다. 2~3학년 때는 '떠오르는 생각'을 그대로 써 내려갔다면, 4~6학년에서는 쓰고자 하는 목적과 내용을 정해 놓고 계획에 맞게 글을 쓰고, 점검하고, 수정하는 단계로 넘어갑니다. 매우 의식적이고 목적적인 글

　　　　　　　　불안을 잠재우는 문해력 상담소

쓰기입니다.

5학년이 되었는데 의사소통적 쓰기가 어렵다고 좌절할 필요는 없습니다. 글쓰기는 자기 생각과 정신 기능이 함께 작동해야 하는 창조적 작업입니다. 생각하지 않는 아이는 글을 잘 쓸 수 없습니다. 생각하기가 어려운 아이는 배운 내용이나 있었던 일을 떠올려 쓰기부터 시작하면 됩니다. 꾸준히 쓰다 보면 자연스럽게 자신의 의도가 담긴 글을 쓰게 되고, 그 후에 쓴 글을 점검하며 문단을 나누고 내용을 보완하기도 가능해집니다.

문해력 개념 이해

☐ 문해력이 '글을 읽고 이해하는 능력'에 머무르지 않고 정의, 해석, 창작, 의사소통으로 확장된 개념임을 알고 있다.

☐ 말하기·듣기와 읽기·쓰기가 긴밀하게 연결된다는 점을 이해하고 있다.

☐ 문해력은 타고나는 능력이 아니라 환경, 상호작용, 학습 경험으로 발달하는 것을 알고 있다.

문해력을 키우는 기본 태도

☐ 아이가 말하는 이유와 상황, 마음을 다양한 관점에서 생각하도록 돕고 있다.

☐ "친구는 다르게 이해했을 수도 있어."처럼 타인의 관점을 이해하는 질문을 자주 던진다.

☐ 하루 경험을 의미 있게 되돌아보도록 대화를 나누는 습관이 있다.

- ☐ 문해력은 비형식적 학습과 형식적 학습을 거쳐 발달한다는 점을 알고 있다.

- ☐ 영·유아기는 정서적 교감과 상호작용이 문해력의 기초가 된다는 점을 인식한다.

- ☐ 발생적 문해력 부족은 인지와 정서, 사회성 발달에 영향을 줄 수 있음을 이해한다.

3~5세 발생적 문해력 점검

- ☐ 아이가 일상에서 자연스럽게 말을 만들고 표현하기를 즐긴다.

- ☐ 소리와 의미를 연결하는 경험을 자주 제공하고 있다.

- ☐ 다양한 어휘에 노출될 수 있도록 설명해 주기, 이야기 나누기를 실천하고 있다.

- ☐ 책을 읽어 준 다음 표현 따라 하기, 장면 떠올리기 같은 상호작용을 하고 있다.

'마태 효과' 인식

- ☐ 유아기의 언어·어휘 격차가 시간이 지날수록 더 벌어진다는 사실을 알고 있다.

- ☐ 발생적 문해력의 충분한 형성이 이후 학습 격차 해소에 결정적이라는 점을 이해한다.

☐ 길에서 보이는 것을 관찰하며 문장 만들기 놀이를 한다.

☐ 놀이 과정에서 감각적 표현이나 흉내말을 자연스럽게 사용한다.

☐ 이동하거나 외출할 때 그날 일정이나 상황을 설명해 준다.

☐ 질문에 "몰라도 돼."라 하지 않고 쉽게 설명하는 방식을 사용한다.

한글 선행 학습에 대한 판단 기준

☐ 한글 학습 시기는 '남보다 빨리'가 아니라 아이의 관심과 준비도
  에 따라 결정해야 한다는 점을 이해한다.

☐ 너무 이른 강제 학습이 한글 학습에 대한 부정적 정서를 만들 수
  있음을 인지한다.

☐ 발생적 문해력의 기초가 잘 형성되면 학교에서 한글을 충분히 배
  울 수 있음을 알고 있다.

1학년 초기 문해력 점검

☐ 자음과 모음의 모양, 이름, 소릿값을 이해하고 있는지 확인한다.

☐ 해독하기가 가능한지 살핀다(의미 있는 낱말→의미 없는 낱말 순).

☐ 글자 쓰기가 단순히 따라 쓰기가 아니라 의미를 담은 쓰기로 확
  장되고 있는지 본다.

☐ 하루 경험을 말로 풀어 내는 '경험의 의미화'가 잘 이루어지고 있
  는지 확인한다.

☐ 아이가 하루 경험을 말로 정리하고 되돌아보는 활동을 하고 있다.

☐ "무엇이 재미있었어?", "왜 그런 느낌이 들었을까?" 같은 질문을 자주 던진다.

☐ 말하기 경험이 글쓰기 준비 과정이라는 점을 알고 있다.

2~3학년 기초 문해력 점검

☐ 글을 막힘없이 읽는 읽기 유창성이 확보되고 있는지 확인한다.

☐ 문장부호와 문장 형태를 이해하고 적절히 사용한다.

☐ 문장 확장(꾸미는 말 넣기)이 자연스럽게 된다.

☐ 짧은 글에서 중요한 사실을 파악할 수 있다.

☐ 맞춤법과 띄어쓰기 교정은 서두르지 않고 3학년 이후에 본격적으로 한다.

3~6학년 기능적 문해력 점검

☐ 사실 이해 읽기→추론적 읽기→비판적 읽기 순의 발달을 이해하고 있다.

☐ 글에 드러난 정보를 찾는 문제는 스스로 해결할 수 있다.

☐ 글 속 인물의 마음과 상황을 맥락적으로 추론하는 연습을 하고 있다.

☐ 주장하는 글을 읽고 자기 생각과 비교하는 경험이 있다.

☐ 세 문단 이상의 글을 목적에 맞게 구성하는 쓰기를 시도하고 있다.

2

읽기 문해력

우리 아이 읽기,
어떻게 도와줘야 할까요?

책 읽어 주기,
몇 살까지 해야 하나요?

문해력 관련 강의를 하다 보면 이 질문이 꼭 나옵니다. 책을 몇 살까지 읽어 줘야 하느냐는 질문에서 두 가지 생각을 읽을 수 있습니다. 하나는 책 읽어 달라는 요구가 때론 힘들고 귀찮은데 이제 아이 혼자 읽어야 하는 게 아닐까 하는 생각이고, 다른 하나는 글자도 아는데 스스로 읽어야 읽기 능력이 향상될 것 같다는 생각입니다.

책을 스스로 읽기 시작하는 '읽기 독립'은 문해력 발달에 필요한 과정으로, 반드시 거치게 됩니다. 그러나 '언제까지'라는 질문에는 아이마다, 상황마다 답이 다릅니다. 답은 어떻게 찾을까요? '부모가 책을 읽어 줘야 하는 이유'를 이해하면, 내 아이에게 적절한 '읽기 독립' 시기를 스스로 판단할 수 있습니다.

갓 태어난 아기에게 엄마 아빠는 아이가 알아듣는지, 못 알아듣는지 몰라도 지극한 사랑의 말을 건넵니다. "우리 개똥이 잘 잤어요? 개똥이 배고파서 울었어요? 아, 쉬를 했구나. 그래서 우리 개똥이가 울었구나. 엄마가 미안해. 진작 살펴봐야 했는데……." 개똥이는 이런 말을 듣고 아는지 모르는지 방긋 웃기도 하고, 자지러지게 울기도 하고, 울음을 그치기도 합니다. 중요한 것은 이 과정이 아이들이 우리말의 소릿값과 의미를 연결하는 데 꼭 필요하다는 점이에요.

인간의 두뇌 발달에서 소리는 측두엽(양쪽 귀 주변, 일차 청각 피질)에서 먼저 처리됩니다. 어른들의 일방적 말하기는 의미 있는 소리를 식별하고 의미를 형성해 가는 중요한 기초를 만들어 줍니다. 마구잡이로 들어오는 소리와 어떤 행동적 변화가 연결될 때 그 소리는 의미를 갖지요. 이는 소리를 기억(의미)과 연결하는 작업입니다. 이차 청각 피질이 이를 담당하고, 그 중심부가 잘 알려진 베르니케 영역입니다. 일차 청각 피질에서 소리 자극을 처리하고, 이차 청각 피질에서 기억과 연결하는 의미화 과정이 진행되면서 소릿값과 의미 사이에 고속도로가 만들어집니다. 특별히 주의를 기울이지 않아도 어떤 소리인지, 어떤 의미인지 인식할 수 있게 된다는 것입니다. 측두엽에 손상이 있으면 기억 장애, 정서 장애, 언어 장애 등 다양한 인지 장애가 나타나는 것도 이 때문이지요.

일상생활에서 듣고 말하는 상호작용을 지속하며 소릿값과 의미를 연결하는 고속도로가 뚫린 뒤에는 일상적인 대화를 넘어 글말의 세계로 들어가는데, 그 수단이 바로 어른이 책을 읽어주는 것입니다. 초기 책 읽어 주기는 책의 내용과 아이의 반응을 우선에 둔 대화 중심 책 읽기가 됩니다. 그래서 책의 글자보다 그림이나 튀어나오는 모양 조각, 촉각을 활용하는 책 읽기가 우선이 됩니다. 이렇게 책에 흥미를 끄는 과정을 거치면서 점차 글이 많아지고, 기승전결 이야기의 완결성과 서사가 갖춰진 책으로 넘어갑니다.

유아기를 지나 만 6세쯤 되면 제법 글밥이 있는 책을 읽어 달라고 합니다. 글밥이 많은 그림책을 읽어 달라고 하면, '한 권에 족히 10분이 걸리는 책을 꼭 읽어 줘야 하나?' 슬금슬금 고민이 시작됩니다. 한글을 읽을 줄 안다면 '언제까지 읽어 줘야 할까?' 고민이 더해지겠지요.

소릿값과 의미 사이에 고속도로가 뚫려서 대화로 상호작용

 불안을 잠재우는 문해력 상담소

하는 데 문제가 없는 아이들이 왜 책을 읽어 달라고 할까요? 엄마 아빠가 좋아서? 엄마 아빠를 괴롭히려고? 엄마 아빠 관심을 받고 싶어서? 가장 핵심적인 이유는 인지적 부담을 최소화하면서 이야기를 즐기고 싶기 때문입니다.

아이들은 글을 읽고 내용을 이해하는 과정에서 작업 기억으로 정보를 처리합니다. 글을 읽는 게 서툰 아이는 글자를 해독하는 데 작업 기억을 다 사용하기 때문에 의미를 이해하고 추론할 여력이 없습니다. 그때 누가 책을 읽어 주면, 소릿값과 의미를 잇는 고속도로가 뚫려 있어 소리를 식별하고 의미와 연결하는 데 작업 기억을 사용할 필요가 없습니다. 곧바로 의미 이해와 추론의 세계로 넘어가면 됩니다. 들려주는 이야기를 온전히 즐길 여유가 생기죠. 가끔 생소한 낱말이 나와도 작업 기억 안에서 전에 들은 낱말이나 이야기 흐름과 쉽게 연결해 대강 짐작할 수 있습니다.

더불어 어른이 알맞은 속도와 억양, 끊어 읽기로 실감 나게 읽는 문장은 아이들이 거부감 없이 문자언어의 세계로 진입하게 도와줍니다. 일상적 말하기에서 문어 문법의 세계를 맛보게 안내하는 길잡이 역할을 하는 셈이죠.

다시 질문으로 돌아가겠습니다. 우리 아이에게 언제까지 책을 읽어 줄까요? '아이가 원할 때까지'라고 거칠게 답할 수도 있습니다. 정답이 있는데 왜 이토록 장황하게 설명했느냐고요? '아이가 원할 때까지 무조건 읽어 줘야 한다.'가 정답은 아니기 때문입니다. 먼저 우리 아이가 왜 책을 읽어 달라고 하는지 살펴보고, 청각 이해력 강화 단계인지, 문어의 세계로 초대가 필요한 시기인지, 자연스러운 공감의 과정을 누리는 시간인지, 읽기 독립이 충분히 가능한 시기인지 판단해야 합니다.

혼자 읽기 시작하면
읽어 주지 않아도 될까요?

아이가 혼자서도 책을 잘 읽는데, 굳이 어른이 읽어 줄 필요가 있을까요? 상황에 따라 다릅니다.

초기 문해력 단계에서 글을 떠듬떠듬 읽는 상황이라면 아이는 '글자'를 읽는 데 작업 기억을 거의 다 써서 내용에 신경 쓸 여유가 없습니다. 이때 능숙한 독자인 어른이 의미 단위로 끊어서 읽어 주면, 바람직한 읽기의 모델이 될 뿐 아니라 내용 이해도 도울 수 있습니다. 글을 떠듬떠듬 읽을 때는 엄청난 집중력이 필요해 금방 피로해지니, 어른과 함께 읽기도 좋은 방법입니다. 한 문장씩 번갈아 읽거나, 따옴표가 있는 부분만 아이가 읽게 하는 등 놀이처럼 읽으면 부담이 줄어듭니다. 역할을 바꿔 읽는 과정에서 어른의 읽기 방식을 자연스럽게 따라 할 기회도 생깁니다.

기초 문해력 단계에서 어느 정도 읽기 유창성이 확보되어 '읽기 자동화'가 이루어진 경우라면, 글의 형식과 내용에 따라 세심하게 접근해야 합니다. 예를 들어 옛이야기는 잘 읽는 아이가 수학 문제나 과학 지문 읽기는 어려워할 수 있습니다. 이야기 글은 익숙한 상황과 내용이 많아 의미 파악에 부담이 적지만, 수학 문제는 내용도 어렵고 '문제 형식' 자체가 낯설기 때문입니다. 이때는 어른이 의미 뭉치로 끊어서 읽어 주며 중요한 부분을 강조하면 도움이 됩니다. 수학 문제가 이해되지 않을 때 소리 내어 다시 읽으면 잘 이해되는 것과 같은 원리입니다.

기능적 문해력 단계라면 어떨까요? 초등학교 5~6학년 아이가 부모와 함께 같은 책을 읽는 모습은 생각만 해도 멋집니다. 이 시기에는 어른이 소리 내서 읽어 주는 방식이 아니라, 부모와 아이가 같은 책을 읽고 생각을 나누는 방식이 적합합니다. 생각과 느낌을 자연스럽게 나누면서 마음을 이해하고 세계관을 형성해 가는 과정은 아이의 성장에 큰 의미가 있습니다.

지금처럼 디지털 정보의 홍수 속에서 부모와 자녀가 책을 함께 읽는 경험은 더욱 소중합니다. 도서관이나 서점에 같이 가서 사춘기 문화를 다룬 초등학교 고학년용 소설이나 청소년 소설을 골라 읽어 보세요. 주인공의 삶과 아이의 삶, 부모의 경험과 배움 등에 대해 진술한 이야기를 나눈 경험이 아이 인생에 든든한 버팀목이 될 것입니다.

어떻게 읽어야 문해력이 자랄까요?

디지털 기술이 비약적으로 발달함에 따라 요즘은 무엇이든 '맞춤형'입니다. '우리 아이 맞춤형 독서로 문해력을 키운다.'는 광고 문구가 넘치지만, 실상은 몇 가지 범주로 나누어 매칭하는 수준일 때가 많습니다. 우리 아이에게 맞는 읽기 지도는 대화하고 소통하며 찾아가는 길뿐이지요.

정답을 찾기 어렵기 때문에, 여러 문해력 프로그램은 '오답이 아닌' 선택지를 찾게 도와줍니다. 이런 프로그램 역시 아이와 맞지 않으면 부모는 실망하고, 아이는 독서에 부정적 마음이 생기기도 합니다. 안타까운 일이에요.

불안을 잠재우는 문해력 상담소

우리 아이의 읽기를 돕고 싶다면 세 가지를 알아야 합니다.

첫째, 무작정 읽는다고 문해력이 늘지 않습니다.

'하루에 몇 권', '한 시간 읽기'는 큰 도움이 되지 않을 때가 많아요. '몇 권'에 집착하면 아이는 자칫 글밥 적은 책으로 숫자를 채우려 하고, '한 시간'에 집착하면 시간을 때우려는 마음이 들 수 있습니다. 물론 스스로 잘 읽는 아이도 있지요. 그래서 어떤 책을, 어느 정도 읽으면 좋을지 아이와 대화하는 것으로 시작하는 편이 좋습니다.

둘째, 억지로 읽는다고 문해력이 늘지 않습니다.

무작정 읽기와 억지로 읽기는 비슷해 보이지만 전제가 다릅니다. 무작정 읽기는 어느 정도 합의가 있지만, 억지로 읽기는 싫다는 아이에게 강제하는 상황입니다. 책을 들고 앉아 있는 시간이 필요해도 억지로 시작하면 오래가지 않아요.

억지로 읽지 않게 하려면 어려서부터 책 읽기의 즐거움을 경험하게 할 필요가 있습니다. 부모는 '읽어 주기→함께 읽기→스스로 읽기' 과정을 상황에 맞게 꾸준히 조정해야 합니다. 특히 함께 읽기는 중요한 중간 단계입니다. 스스로 읽는 단계라고 해서 늘 혼자 읽어야 하는 것도 아닙니다. "오늘은 엄마가 읽어 줄까?", "오늘은 아빠가 같이 읽고 싶은데?" 하면서 다양하게 책을 읽는 방식의 변화가 필요합니다.

셋째, 많이 읽는다고 문해력이 무조건 늘지 않습니다.

적절한 '양'이 필요하지만, 어휘력과 발달 수준에 맞고 난도가 적정한 독서가 더 중요합니다. 아이 어휘력에 비해 지나치게 어려운 책은 읽어도 이해가 되지 않아서, 되레 책 읽기를 지속하기 어렵습니다. 보통 한 쪽에 모르는 단어가 다섯 개 이상 나오면 아이에게 어려운 책이라고 합니다.

읽기 발달의 최고 단계는 읽기 과정을 스스로 점검하며 읽는 것입니다. '내가 왜 이 글을 읽는지', '목적에 맞게 읽고 있는지', '핵심을 이해하고 있는지' 인식하는 단계죠. 이 단계에 이르려면 두 가지가 필요합니다.

첫째, 아이가 스스로 책을 찾아 읽을 수 있는 환경입니다.

책으로 둘러싸인 환경이 중요하다지만, 책이 많다고 다 읽는 것은 아닙니다. 아이와 무관한 책이 가득하면 오히려 책에 '짓눌리는' 환경이 될 수 있습니다. '책으로 둘러싸인 환경'보다 '책을 읽는 환경'이 중요합니다. 부모가 책 읽는 모습을 자연스럽게 보여 주고, 아이와 함께 고르고 읽은 책으로 '스토리가 있는 서가'를 만들면 효과적입니다. 특히 유아기에는 모델링의 힘이 매우 크지요.

둘째, 학교 학습과 조화를 이루기입니다.

학교는 국가 교육과정에 따라 정해진 시간, 정해진 교과서, 교사의 지도, 숙제 등 일정한 외적 강제성이 주어집니다. 이 외적 강제성과 가정에서 독서 경험이 조화를 이뤄야 합니다. 어느 하나가 너무 앞서 나가면 바람직하지 않습니다.

예를 들어 학교에서 가르치는 내용을 지나치게 앞서 배우면 학교 수업이 지루하고 집중력이 떨어질 수 있습니다. 다 아는 내용이라고 지레짐작하고 교실 수업에 집중하지 못하는 습관이 학교에서 학습 태도 형성에 부정적 영향을 줄 수 있다는 점도 꼭 기억해야 합니다.

우리 아이 문해력,
집에서 진단할 수 있나요?

우리 아이 문해력이 어느 정도인지 진단해 보고 싶다는 생각을 한 번쯤 해 보셨을 거예요. 학교에서 평가 결과를 수량화해서 알려 주지 않아 답답했던 부모님이라면 사설 기관이나 학원을 통해 시험을 보게 하는 것이 가장 쉬운 접근법이었을지 모릅니다. 그러나 그 시험 결과가 앞으로 어떻게 해야 한다는 방향이나 방법을 제시하지 않아 더 막막했던 경험도 있겠지요.

시험이 아니라도 우리 아이 문해력 발달단계를 진단할 수 있습니다. ▶[참고: ❹ 3~5세에는 무엇을 살펴야 할까요? ❽ 1학년은 무엇을 할 수 있어야 하나요? ❿ 저학년이 키워야 할 문해력은 뭘까

단계	시기	요소	내용
발생적 문해력	취학 전	시각과 지각 식별	시각적 자극을 식별해 자극의 차이를 변별하는 능력. 예: 'ㅏ'와 'ㅑ'의 차이
		손과 눈의 협응력	눈으로 지각한 정보에 맞게 손을 움직여 과업을 처리하는 능력. 예: 선 따라 그리기
		음운 인식	소릿값의 차이를 변별하는 능력. 예: [감]과 [밤]의 차이, [고기]와 [소기]의 차이
초기 문해력	초등학교 1학년	낱자 지식	자음자와 모음자의 모양과 이름을 알고 자모음이 들어간 소리 찾기. 예: [기차]에서 ㄱ 자와 [그] 소릿값 찾기, '기역' 이름 알기
		글자와 소릿값의 대응 지식	자음과 모음의 짜임으로 글자가 만들어지는 것을 알고 자음자와 모음자의 소리를 떠올려 소리내기. 예: '가' 글자=ㄱ+ㅏ = [그아] 소리가 됨을 알기
		해독하기	낱말 수준의 글자를 떠듬떠듬 읽기. 예: '감나무'를 [그암느아므우]로 읽기
기초 문해력	초등학교 1~3학년	읽기 유창성	낱말과 문장 수준의 글자를 유창하게 읽기. 예: '나는 학교에 갔다.'는 문장을 막힘없이 읽기
		문장-문단 읽기	문장과 문단 수준의 글을 유창하게 읽기.
		기초적인 사실 이해 읽기	문단 이상의 글을 읽고 내용에 관한 기초적인 질문의 답을 글에서 찾기. 예: 우리 조상이 먹었던 전통 과자를 뭐라고 하지?
기능적 문해력	초등학교 3~6학년	사실 이해 읽기	한 편의 글을 읽고 주어진 질문에 대한 명시적인 답을 글에서 찾기.
		추론적 읽기	한 편의 글이나 책을 읽고 명시적으로 드러나지 않는 내용에 대한 답을 내용과 맥락을 이해한 것을 바탕으로 유추하기.
		비판적 읽기	한 편의 글이나 책을 읽고 주요 내용이나 주제에 대한 문제를 발견하고 자기 생각을 표현하기.
		읽기 과정 점검하기	읽기 과정을 돌아보며 주어진 과제나 목적에 맞게 읽기 활동을 했는지 점검하기.

요? ⓫ 학년별로 진단해야 할 문해력 핵심은 무엇인가요?]

문해력 발달 정도를 좀 더 분명히 알고 싶다면 공신력 있는 기관이 운영하는 인터넷 사이트에서 도움을 받을 수 있습니다. 한국교육과정평가원이 운영하는 '한글또박또박(https://www.ihangeul.kr/main.do)'에서는 초기 문해력인 한글 해득 여부를 진단할 수 있습니다. 읽기 검사, 유창성 검사, 쓰기 검사가 있는데, 이 사이트는 재직 중인 교사만 가입할 수 있다는 게 단점입니다.

국가기초학력지원센터는 모든 학생의 개별 맞춤형 성장 지원을 위해 설립된 기관으로, 교사와 학부모, 학생 모두 인터넷 사이트(https://k-basics.org/user)에 가입할 수 있습니다. '진단 도구' 메뉴에는 초등학교, 중학교, 고등학교까지 다양한 검사지가 있습니다. 문해력을 진단하는 '읽기 태도 검사'는 독서 지원 환경, 독서 위험 환경, 독서 효능감, 독서 가치와 정서 영역으로 구성됩니다. 세부 항목별 검사 결과를 연계해서 학생의 읽기 태도를 진단하고, 그에 따른 지원 방안을 결과로 제시합니다. 이 외에 초등학생 대상 2~3학년용 학습 역량 검사, 1~2학년용 사회 정서 역량 검사, 4~6학년용 학습 역량 검사, 학습 유형 검사, 학습 저해 요인 진단 검사 등 여러 검사지가 있으니 회원 가입한 뒤 이용해 보세요.

읽기 유창성에서
막히면 어떻게 하나요?

읽기 유창성 단계에서 어려움을 겪는다면 '매일 10분 소리 내어 책 읽기'에 도전해 보세요. 초등학교 저학년이든 고학년이든 아이가 책을 소리 내어 읽을 때 떠듬떠듬 읽거나 오류가 잦고, 의미 단위로 끊지 못하고 한 글자씩 읽는다면, 읽기 유창성이 충분히 확보되지 않은 상태라고 볼 수 있습니다.

다만 나이에 비해 너무 어려운 글을 읽게 하고 아이의 읽기 유창성이 부족하다고 판단해선 안 됩니다. 여기서 말하는 유창성은 글자를 보자마자 말소리로 전환되는 자동화 상태를 뜻해요. 따라서 아이가 읽기 쉬운 이야기책이나 친숙한 소재를 다룬 설명문부터 읽게 해야 합니다. 이런 글은 잘 읽는데 조금 어려운 내용을 읽지 못한다면, 읽기 유창성이 떨어진다기보다 배경지식이나 어휘력이 부족한 결과일 수 있습니다.

'매일 10분 소리 내어 책 읽기'는 아이의 배경지식과 어휘 수준보다 약간 높은(한 쪽에 모르는 낱말이 다섯 개 이내) 책을 매일 정해진 시간 동안 꾸준히 읽게 하는 것입니다. 수준이 비슷한 책을 여러 권 준비하고 아이가 그날 읽고 싶은 책을 골라 읽게 하세요. 읽은 책 제목을 달력에 적어 성취감을 맛보게 하는 것도 좋습니다.

어른이 옆에서 직접 확인할 수 없다면 스마트폰으로 읽은 내용을 녹음해 전송하게 하는 방법도 있습니다. 이런 점검은 읽기 오류가 줄었는지, 읽기 속도가 빨라졌는지, 의미 단위로 끊어 읽기가 개선되고 있는지 살펴보기 위함입니다.

3분, 5분으로 짧게 시작해도 됩니다. 10분을 기준으로 제시하는 이유는, 숙제가 습관이 되려면 아이가 조금 노력해서 해낼 수 있는 과제를 정해진 시간에 해결하게 해야 하는데 '10분 과제'가 효과적이라는 연구 결과가 있기 때문입니다. 14년간 아이들의 성장을 추적한 이 연구는 『숙제의 힘』이라는 책으로 국내에 번역·소개되었습니다.

같은 책을 반복해서 읽거나, 새로운 책으로 이어 읽거나 상관 없습니다. 다만 다양한 책을 접하면서 배경지식을 쌓고 어휘력을 늘릴 기회를 줘야 합니다. 일주일 혹은 한 달 단위로 적절한 보상을 하는 것도 하루 10분 읽기를 지속하는 데 도움이 됩니다. 꼭 물질적인 보상일 필요는 없습니다. '엄마와 데이트하기', '하루 10분 읽기 일주일 완성하면 하루 쉬기', '아빠와 함께 요리하기'처럼 관계를 돈독히 하고 경험을 쌓는 보상이 더 효과적일 수 있습니다. 아이들은 물질보다 마음을 바라니까요.

사실은 이해하는데
추론을 못 해요

사실 이해 읽기란 글을 읽으면서 알게 되는 정보를 인지하고, 이를 문제 해결 능력을 기르거나 배경지식 확장에 활용할 수 있는 읽기입니다. 반면 추론적 읽기는 글에 직접 드러나지 않은 내용을 글의 맥락에서 이해하는 것으로, 흔히 '행간 읽기'라고도 하지요. 문자로 제시된 정보 이외 것을 스스로 생각하며 이해해야 하므로, 사실 이해 읽기보다 상위 단계 읽기입니다. 그런데 사실 이해 읽기가 충분히 안 되면 추론적 읽기도 할 수 없습니다. 추론적 읽기는 사실적인 정보 이해가 바탕이 돼야 하기 때문입니다.

불안을 잠재우는 문해력 상담소

추론적 읽기는 맥락 읽기라고 했습니다. 맥락을 이해한다는 것은 '개똥이는 왜 이런 말을 했을까?', '소똥이는 왜 그렇게 행동했을까?'처럼 상황을 타인의 처지에서 생각하는 것으로 시작합니다. 따라서 일상에서 타인의 상황과 감정, 처지를 이해해 보는 습관 들이기가 무엇보다 중요해요.

요즘 아이들은 인지능력이 높지만, 맥락을 이해하는 힘이나 사회성은 약하다는 이야기를 자주 듣습니다. 혼자 지내는 시간이 많고, 남의 감정이나 처지를 고려할 기회가 적기 때문이지요. 그래서 어른의 역할이 중요합니다.

예를 들어 공공장소에서 떠드는 아이가 있다면 어떻게 할까요? 그곳은 여러 사람이 함께 쓰는 공간이니 떠들면 안 된다고 차근차근 이야기해 주어야 합니다. 다른 사람이 하고 싶은 일을 방해하면 안 되는 장소의 '맥락'을 알려 주는 것이지요. 복도에서 뛰면 안 되는 이유도 마찬가지입니다. 사람이 갑자기 튀어나올 수 있는 좁은 공간이라 충돌 위험이 크다는 것을 설명해 줘야죠.

아이에게 무턱대고 "해라", "하지 마라" 명령하거나 지시하지 말고 왜 해야 하는지, 왜 하면 안 되는지 차분히 이야기해 주세요. 맥락을 이해할 수 있는 이런 대화를 꾸준히 경험한 아이는 자연스럽게 상대의 관점을 헤아리는 사고를 익힙니다. 그 결과 글을 읽을 때도 상황과 맥락을 따라가서 추론적 읽기 단계에 이를 수 있습니다.

소리 내어 읽기는
얼마나 해야 하나요?

소리 내어 읽기는 '읽기 유창성', 즉 읽기 자동화를 위한 과정입니다. 읽기 자동화가 되면 글자를 해독하는 데 쓰이는 작업 기억(컴퓨터의 램RAM 같은 역할)의 부담이 줄고, 글의 의미를 이해하는 데 그만큼 작업 기억을 더 사용할 수 있습니다. 소리 내어 읽기는 말소리를 듣자마자 의미가 연결되는 뇌의 특성을 활용하는 활동입니다. 내가 읽은 말소리와 의미가 즉시 연결되므로 의미 파악에 굳이 작업 기억을 쓰지 않아도 되고, 해독 과정에 여유가 생기지요. 이를 도표로 표현하면 다음과 같습니다.

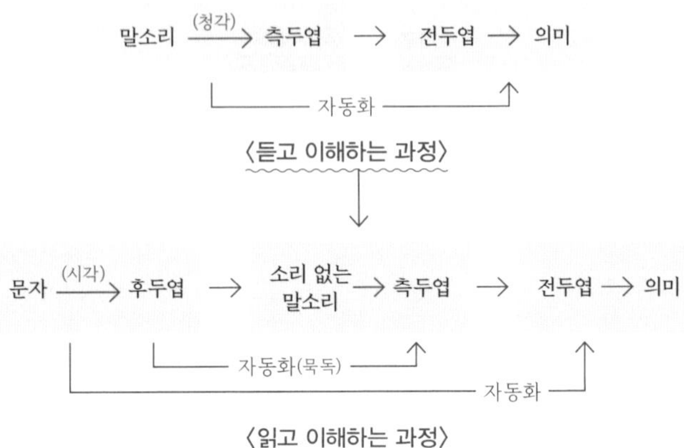

소리 내어 읽기를 얼마나 해야 하는지는 아이가 나이에 맞는 글을 머뭇거림 없이 읽고, 내용을 어느 정도 이해하는지 보고 판단할 수 있습니다. 나이에 비해 어려운 글이라면 읽기 자동화가 되어도 당연히 더듬거리겠죠. 내용을 이해하지 못해서 끊어 읽거나 잘못 읽거나 되돌아가는 것입니다. 반대로 나이에 맞는 글을 자연스럽게 읽는다면 읽기 유창성이 확보된 '능숙한 독자'라고 볼 수 있습니다.

능숙한 독자는 소리 내지 않고 읽는(묵독) 단계로 넘어갑니다. 묵독할 때 눈동자 움직임을 보면 얼마나 능숙한 독자인지 알 수 있습니다. 읽기에 능숙한 독자는 글을 읽을 때 눈동자가 지그재그로 이동하고, 난도에 따라 글을 읽다가 앞부분으로 되

　　　　　　　　　불안을 잠재우는 문해력 상담소

돌아가기도 합니다. 이는 내용을 더 깊이 이해하려는 자연스러운 과정이에요.

다만 능숙한 독자가 항상 묵독만 하는 것은 아닙니다. 어려운 수학 문제나 영어 문장을 소리 내어 읽었을 때, 더 잘 이해된 경험이 있지요? 아이들도 같습니다. 그래서 아이에게 "소리 내지 않고 읽어야 한다."고 요구하면 지나친 부담을 느낄 수 있어요. 묵독 단계로 넘어갔어도 상황에 따라 소리 내어 읽고 싶어 하면 능동적 이해 전략이므로 허용하는 것이 좋습니다. 소리 내어 읽기는 읽기 자동화의 디딤돌이며, 묵독은 그 위에서 확장되어 가는 과정이라는 점을 기억해 주세요.

어떤 책을 읽게
해야 할까요?

아이들에게 가장 좋은 책은 결국 '내가 읽고 싶은 책'입니다. 그럼에도 부모의 적절한 안내를 통해 읽기 습관을 만드는 과정이 필요하지요. 핵심은 아이의 읽기 발달 정도와 성향에 맞는 책 고르기입니다. 일반적으로 연령별 권장 도서 기준은 다음과 같습니다.

0~2세: 그림책 중심, 단순한 문장

3~5세: 반복 구조가 있는 그림책, 간단한 문장

6~8세: 짧은 이야기책, 기초 문법과 일상 어휘 중심

 불안을 잠재우는 문해력 상담소

9~12세: 주제가 뚜렷한 어린이 소설이나 학습용 도서, 다양
한 어휘와 문장구조

12세 이상: 청소년용 장편소설, 비문학 등 다양한 형식의 글

다만 이는 '양적' 기준일 뿐이며, 내용을 선택할 때는 반드시 아이의 관심과 흥미를 **반영**해야 합니다. 나이만 기준으로 할 게 아니라 읽기 발달단계(초기 문해력, 기초 문해력, 기능적 문해력)와 학교 교육과정에 따라 선택이 달라질 수 있습니다.

아이가 초기 문해력이나 기초 문해력 단계라면 우선 아이 스스로 고른 책, 흥미를 보이는 책을 중심으로 읽게 하는 것이 좋습니다. 그러나 기초 문해력 이후, 즉 읽기 유창성이 확보된 단계라면 아이가 좋아하는 책뿐 아니라 교육과정과 연계된 책도 선택하게 안내할 필요가 있습니다. 교과과정에는 이후 학습에 필요한 배경지식과 어휘가 풍부한 내용이 담겨 있기 때문입니다. 이때는 교과서 수록 도서 목록이나 교육과정 연계 권장 도서를 활용할 수 있습니다. 예를 들어 '1학년 1학기 교과서 수록 도서'를 검색하면 다양한 그림책 목록이 나옵니다. 그중에는 이전 교육과정 (이미 사용하지 않는) 교과서에 실린 책도 있으니, 현재 기준을 알고 선택하

는 것이 중요합니다.

현재 학교에서 사용하는 '2022 개정 교육과정'은 2024년부터 적용하기 시작했습니다. 따라서 2024년 이후 추천된 도서가 이 교육과정에 맞춘 도서라고 보면 됩니다. 물론 이전 교육과정에 실린 책도 충분히 좋은 책이니 안심하고 골라도 무방합니다.

불안을 잠재우는 문해력 상담소

정독·속독·다독, 무엇이 더 좋아요?

천천히 읽기와 빨리 읽기, 많이 읽기와 깊이 읽기는 각각 장단점이 있습니다. 읽기 목적에 맞는 방법을 선택하는 것이 중요합니다.

천천히 읽기는 의도적으로 속도를 늦추며 의미를 깊이 이해하는 방법이에요. 문장과 문맥, 어조를 세밀하게 파악할 수 있고, 곱씹어 읽는 만큼 기억에도 오래 남습니다. 감정적으로 몰입하거나 자기 생각과 비교·비판하며 읽을 수 있다는 장점도 있습니다. 반면 시간이 걸려서 많은 정보를 습득하는 데는 비효율적이며, 집중력과 성취감이 떨어져 지루해질 수 있어요. 따라서 실용적인 정보 탐

색에는 적합하지 않을 수 있습니다.

빨리 읽기는 핵심 내용을 중심으로 빠르게 읽는 방법이에요. 짧은 시간에 많은 정보를 파악할 수 있다는 점에서 효율적이지만, 속도가 빠른 만큼 세부 내용을 놓치거나 이해도가 낮아질 수 있어요. 기억에 오래 남지 않으며, 비판적 읽기 능력 발달에 큰 도움이 되지 않습니다.

깊이 읽기는 천천히 읽기와 유사하지만, 분석과 비판적 사고가 더 적극적으로 개입되는 방법이에요. 책을 집중해서 읽으며 의미를 분석하고 자기 논리를 세우는 과정으로, 기억에 오래 남고 깊이 이해할 수 있지요. 다만 시간이 필요해서 정보를 실용적으로 습득하려 할 때는 비효율적입니다.

많이 읽기는 다양한 글과 책을 폭넓게 읽으며 지식을 넓히는 방법이에요. 배경지식과 어휘를 골고루 습득하는 데 유익하고, 독서 습관을 형성하기에도 좋지요. 그러나 많이 읽는다고 깊이 있는 이해가 보장되는 것은 아니며, 정리나 요약이 안 되면 기억에 오래 남지 않을 수 있습니다.

따라서 읽기는 한 가지 방법을 고집하기보다 목적에 맞게 장점을 활용하는 전략이 필요합니다. 정확히 이해해야 하는 책은 깊이 읽기나 천천히 읽기를, 최신 정보나 뉴스는 빨리 읽기와 많이 읽기를 활용하는 게 좋습니다. 초기 문해력이나 기초 문해력 단계에서는 많이 읽기와 천천히 읽기를 병행하고, 기능적 문해력 단계라면 목적에 따라 다양한 읽기 방법을 활용해 보세요.

서점에 가지 않고
책을 골라도 될까요?

한 달에 한 번이라도 서점이나 도서관 나들이 계획을 세워 보세요. 직접 책을 보고 고르는 것보다 쉬운 방법이 많지만, 그보다 좋은 방법은 없습니다. 책으로 둘러싸인 공간에 어른과 함께 정기적으로 나들이하는 경험이 아이에게 훌륭한 문해 환경이 되기 때문이지요. 그럼에도 쉽지 않은 고민이 '어떤 책을 읽게 할까?'입니다. 서점이나 도서관 나들이 습관을 들이면 우리 아이에게 맞는 책, 좋은 책을 고르는 안목이 자연스레 따라옵니다. 그 길로 가는 몇 가지 방법을 살펴보겠습니다.

첫째, 집 주변 도서관을 정기적으로 방문해 보세요. 요즘은 지역

불안을 잠재우는 문해력 상담소

마다 다양한 도서관이 있고, 어린이 도서관도 별도로 운영합니다. 아이와 함께 회원 가입을 하고 회원증을 만드는 경험은 학교에서 도서관을 이용하는 습관을 들이는 데 큰 도움이 됩니다. 도서관마다 작가와 만남, 책 놀이, 학부모 교육 등 다양한 프로그램이 있으니 꼭 참여해 보시기 바랍니다.

둘째, 학교 도서관을 적극적으로 활용하세요. 초등학교에 입학하면 아이 이름으로 회원증을 만들고, 대출하고 반납하는 방법을 배웁니다. 매일 그림책을 두 권씩 빌려 꾸준히 읽다 보면 "나는 이 책이 좋고, 저 책은 이런 점이 아쉽고……" 하며 자연스레 책 고르는 법을 익힙니다. 스스로 대출·반납하고, 반납 기한을 넘겨 일정 기간 대출하지 못하는 경험도 책임감과 약속을 학습하는 기회가 됩니다.

학교 도서관은 방학에도 운영합니다. 대출 권수가 늘어나기도 하고, 책과 가장 쉽게 만나는 공간이지요. '독서로(https:// read365.edunet.net)' 사이트를 이용하면 집에서 우리 학교 도서관이 보유한 도서를 검색할 수 있습니다. 좋아하는 작가의 신간이 도서관에 없다면 '신간 신청 주간'에 아이가 직접 신청하고, 첫 대출자가 될 수 있습니다.

셋째, 권장 도서 목록을 활용하세요. '어린이도서연구회' 같은 단체가 해마다 연령별(학년별) 권장 도서를 발표합니다. 아이와 함께 목록을 살펴보며 읽고 싶은 책을 고르는 과정 자체가 좋은 학습이에요. 책을 읽기 전에 제목이나 표지로 내용을 예측하는 활동도 매우 의미 있습니다. 표지와 실제 내용이 다를 수도 있고, 표지는 지루해 보이는데 의외로 아주 재미난 책일 수도 있습니다. 표지만 보고 내용을 짐작했을 때 항상 맞는 것은 아니라는 사실을 깨닫는 경험은 아이가 선입관을 버리고 사고를 확장하는 데 도움이 됩니다. 음식 사진만 보고 맛을 단정할 수 없는 것과 같은 이치임을 배우면서 아이가 더 성장합니다.

읽기 시작하면 잘 읽는데,
스스로 읽지 않아요

읽기 시작하면 잘 읽는데 스스로 읽으려 하지 않는 이유는 읽기의 목적과 이유가 불분명하기 때문입니다. 스스로 읽지 않는다고 '문제'로 판단하기보다, 일단 읽기 시작하면 읽는다는 점에 주목하고 긍정적으로 바라보세요. 아예 읽기를 시작하지 않으려는 아이도 있으니까요.

'언제' 읽기 시작하는지 그 이유와 동기부터 살펴야 합니다. 예를 들어 학교 숙제라서 읽는다거나, 부모가 읽으라고 하면 읽는 아이는 아직 가능성이 충분해요. 이제는 어떻게 자기 목적을 갖고 스스로 읽도록 도와줄지 고민하면 됩니다.

먼저 아이의 관심사를 중심으로 읽을거리를 함께 찾아보는 접근이 효과적입니다. 일상 대화 중 아이가 어떤 것을 궁금해한다면 "엄마도 잘 모르겠네. 책에서 답을 찾아볼까?" 제안하며, 책을 통해 궁금증을 해결하는 경험을 자연스럽게 안내합니다. 모르는 어휘가 나오면 인터넷 사전이나 종이 사전을 찾아보게 하거나, 우연히 발견한 곤충이나 꽃 이름이 궁금할 때 도감이나 식별 앱을 활용하도록 돕는 방법도 효과적입니다.

그다음은 성취감을 자극하는 장치를 마련해 주세요. '매일 10분 읽기'를 약속했다면 일주일, 한 달, 석 달 동안 어떤 변화가 있었는지 읽은 시간이나 권수를 그래프 혹은 표로 시각화해 보여 주는 방법을 권합니다. 한 권 읽을 때마다 스티커를 붙여 아이의 키와 같아지면 '성공'으로 정하는 방법도 있어요. 아이 상황에 따라 초기에는 큰 스티커를 사용해 목표에 빨리 도달하도록 조정할 수도 있습니다. 목표를 정해 약속한 선물을 주거나, 예상하지 못한 시점에 깜짝 선물로 동기부여를 해도 좋아요.

성취욕을 자극하는 전략도 있습니다. 스티커를 붙여 아이 키와 같아지기를 목표로 할 때, 부모도 자기 키를 목표로 경쟁하는 방식이에요. 스티커 대신 색칠하기로 바꿔도 됩니다. 3~4학년 이상이라면 책을 읽은 뒤 퀴즈나 문제를 내서 일정 개수 이상 맞히면 보상하는 방식으로 동기를 높일 수 있지요.

5~6학년은 섬세한 접근이 필요합니다. 그동안 사용한 방법이 더 이상 먹히지 않는 시기니까요. 자기 의지가 분명하고, 선물이나 단순한 보상만으로 동기부여가 쉽지 않습니다. 어릴 때 책을 잘 읽다가 고학년이 되면 읽기 습관이 약해지는 아이가 많아요. 그만큼 유혹도, 할 일도 늘어나기 때문입니다. 이른바 '사춘기의 두뇌 폭풍'으로 전두엽이 재정비되고, 보상 회로가 과민 반응하며, 감정 처리 영역이 민감해지죠. 전두엽이 재정비된다는 말은 전두엽이 판단의 사령탑으로 올라서는 과정입니다. 습관이나 행동이 완전히 무너져서 내가 알던 아이가 맞나 싶을 때도 있습니다. 보상 회로가 과민 반응하면 도파민 분비량이 증가해 쾌감을 추구하면서 위험한 일에 도전하는 행동이 나타납니다. 감정 처리 영역(변연계, 편도체)이 민감해져서 스트레스에 취약해지거나 감정 조절이 어려워요. 그동안 하던 것을 강조하기보다 아이의 변화를 인정하고 이 시기를 건강하게 보낼 수 있도록 지지해 주는 것이 중요합니다. 이 과정에 정답은 없습니다.

많이 읽는 게 좋을까요,
깊이 읽는 게 좋을까요?

많이 읽는 것이 우선일 때도 있고, 꼼꼼하게 읽는 것이 우선일 때도 있습니다. 읽는 목적과 아이의 문해력 발달 수준에 따라 달라요.

초기 문해력에서 기초 문해력으로 넘어가며 읽기 유창성을 키워야 하는 초등학교 1~2학년 때는 많이 읽기가 필요합니다. 유아기에 다양한 책을 읽어 주며 이야기와 문자언어의 세계로 이끌고, 소릿값과 의미의 연결 고속도로를 만드는 과정도 많이 읽어 주기가 효과적이에요.

그러나 읽기 유창성이 확보된 초등학교 3학년 이상이라면 꼼꼼하

불안을 잠재우는 문해력 상담소

게 읽는 연습이 중요합니다. '사실 이해 읽기' 단계에 들어가기 위해서는 꼼꼼히 읽으며 질문에 답을 찾는 과정이 필요하지요. 한 번 읽고 답을 찾지 못해 다시 읽는 일도 해당 질문에 답을 찾기 위한 '꼼꼼히 읽기' 과정에 포함됩니다. 이 시기라고 해서 항상 꼼꼼히 읽어야 하는 것은 아니에요. 읽는 목적에 따라 꼼꼼히 읽을 때가 있고, 가볍게 읽어도 충분한 때가 있습니다. 이런 목적별 읽기 방식 선택이 바로 읽기의 최종 단계인 읽기 전략 사용, 즉 '내가 어떻게 읽고 있는지 점검하며 읽기'로 이어집니다.

여기서 한 가지 더 짚고 넘어가야 합니다. 꼼꼼하게 읽는다는 것은 글의 모든 내용을 빠짐없이 기억한다는 뜻이 아니에요. 아무리 능숙한 독자도 책 속 모든 내용을 기억하지 않습니다. 우리 뇌는 효율을 추구하기 때문에 읽으면서 내게 의미 있는 내용, 중요하다고 판단된 부분만 선택적으로 기억합니다.

능숙한 독자는 중요한 부분에 밑줄을 긋거나, 표시를 남기거나, 별도로 메모하면서 배경지식과 의미를 연결해요. 그렇게 연결된 내용은 뇌에서 확장되어 오래 남습니다. 따라서 '꼼꼼히 읽기'는 모든 내용을 기억하는 것이 아니라 읽는 목적에 맞는 핵심을 놓치지 않는 것입니다. 예를 들어 가정통신문은 부모가 할 일을 확인해야 하므로, 꼼꼼히 읽기가 필요하지요. 고학년 아이가 청소년 소설을 읽을 때는 이야기 흐름과 주인공이 처한 상황을 헤아리며 자신의 경험과 연결하는 과정이 꼼꼼히 읽기가 되며, 시험문제를 풀 때는 제시된 조건을 일일이 확인하고 오류 없이 해결하는 것이 꼼꼼히 읽기에 해당합니다.

독서 후 질문을
싫어하는데 괜찮을까요?

읽기 교육은 읽기 전 활동, 읽기 중 활동, 읽기 후 활동으로 이어집니다. 책을 읽기 전에 제목이나 표지를 보고 내용 예상하기, 읽으면서 내가 잘 이해하고 있는지 점검하기, 읽은 뒤에 재미있는 장면이나 떠오르는 생각을 이야기하며 책에 대한 '나만의 의미'를 찾아보는 과정이에요. 이 가운데 읽은 뒤 활동이 특히 중요합니다.

책을 읽은 뒤 질문으로 내용을 얼마나 이해했는지 확인하는 과정이 필요하지만, 책 읽을 때마다 검사받는 느낌이 들면 아이는 스스로 읽고 싶은 마음을 잃을 수 있습니다. 질문이 '대화'

가 아니라 '검사'처럼 느껴지면 아무리 좋은 의도라도 효과가 줄어들 수밖에 없지요. 함께 읽고 자연스럽게 이야기를 나누는 것과 "읽었는지 엄마가 확인할 거야."라고 하는 것은 전혀 다른 경험입니다.

아이가 과제처럼 느끼지 않으면서도 얼마나 이해했는지 확인할 방법은 없을까요? 가끔, 가볍게 확인하는 것이 좋습니다. 예를 들어 책을 읽은 날, "어때? 재밌어? 엄마도 읽어 볼까? 어떤 장면이 제일 좋았어?" 정도로 물어보세요. 한 달에 한두 번이면 충분하고, 조금 더 알고 싶을 때는 시간을 내서 함께 읽고 대화를 나누면 됩니다. 학교에서 '읽기 후 활동'을 꾸준히 합니다. 가정에서 자유로운 독서까지 또 다른 '과제'처럼 만들 필요가 없지요. 집에서는 독서 후 간단한 기록이나 별점으로 충분합니다.

가끔 책 내용을 바탕으로 특별한 활동을 함께 해도 좋습니다. 예를 들어 『겁쟁이 빌리』를 읽고 걱정 인형 만들기, 『수박 수영장』을 읽고 수박 파먹기, 『만복이네 떡집』을 읽고 책 속 떡 사 먹기 같은 활동은 책을 오래 기억하게 하고, 아이와 함께 간직할 소중한 추억이 됩니다.

줄거리 설명이나
요약을 못 해요

우리가 읽는 글은 시와 수필, 소설 같은 문학, 설명문이나 논설문 같은 비문학으로 나눌 수 있습니다. 보통 '내용을 요약한다.'고 하면 비문학을 읽고 중요한 내용을 정리하는 것을 뜻하고, '줄거리를 말한다.'고 하면 이야기 구조를 따라 문학작품의 흐름을 간략하게 소개하는 것을 가리킵니다.

그렇다면 비문학을 읽고 내용을 요약하는 이유는 무엇일까요? 읽으면서 알게 된 새로운 정보나 내용을 한 번 더 정리하고, 그 가운데 중요한 것을 기억하기 위해서입니다. 즉 읽는 목적이 분명할 때 요약하기 기능을 쓰지요. 그래서 요약은 읽기 유창성이 어느 정도 확보된 이후, 글을 읽는 아이의 필요와 수준에 맞춰 연습하는 게 중요합니다. 읽기가 유창하지 않은 단계에서 요약하라고 하면 아이는 글자를 해독하느라 정신을 쓰다 보니 내용에 주의를 기울일 여유가 없기 때문입니다.

책을 읽고 내용을 요약하는 연습은 보통 3학년부터 조금씩 시작합니다. 문단 개념을 배우고, 문단의 중심 문장을 찾는 활동을 하면서 문단마다 중요한 내용이 있다는 것을 익힙니다. 그다음에 중심 문장이 모여 글의 주요 내용이 된다는 것을 배우지요. 그러니 읽기 유창성이 확보되었다고 3학년부터 "읽고 요약해 봐."라고 해서 바로 되는 것은 아닙니다. 아이 속도에 맞게 하나씩 단계를 밟으며 '요약하기'를 배워야 합니다. 본격적인 요약 연습은 5학년부터 시작해도 늦지 않습니다.

문학작품, 특히 이야기책을 읽고 줄거리를 말해 보라고 하는 이유는 무엇일까요? 정보를 제공하는 글이나 생각을 주장하는 글의 요약은 '실용적인 목적'이 눈에 잘 보이지만, 이야기 줄거리를 말하는 활동은 겉으로 목적이 잘 드러나지 않을 수 있습니다. 줄거리 정리는 전체 이야기를 떠올리며 주요 사건의 원인과 결과, 그 과정에 얽힌 등장인물의 말과 행동을 염두에 두고 말하는 일입니다. 그래서 인지 발달과 문해력 발달을 가늠하는 중요한 기준이 되지요.

줄거리 말하기는 유아기부터 시작합니다. 짧은 그림책을 읽어 주고 주요 사건에 대해 문답을 진행하는 방식이에요. "○○는 누구를 찾아갔을까?", "○○가 먹고 싶었던 건 뭐야?" 같은 질문으로 내용을 이해했는지 확인하는 과정이 줄거리 말하기의 기초를 세우는 일입니다.

초등학교 1학년, 한글 해득 단계에 접어들면 유아기보다 글밥이 조금 더 있는 그림책을 읽어 주고, 사건의 원인과 결과를 생각하는 질문으로 확장할 수 있습니다. "포포는 왜 할아버지를 찾아갔을까?", "포포는 할아버지를 만나고 왜 울었어?" 같은 질문으로 어떤 결과에는 반드시 이유가 있다는 것, 즉 인과관계적 사건 흐름을 이해했는지 확인할 수 있습니다. 그런 다음 책을 읽어 준 어른이 줄거리를 간단히 말하며 모델을 보여 줍니다.

초등학교 2~3학년, 이미 능숙한 독자가 되어 스스로 이야기책을 잘 읽는 아이에게는 "엄마는 이 책 내용이 궁금한데, 개똥이가 엄마한테 얘기해 줄 수 있어?"처럼 자연스럽게 부탁하면서 줄거리를 말할 수 있는지 확인하면 좋아요. 그러면서 점점 글이 더 많은 이야기책, 등장인물이 많은 책, 여러 사건이 복잡하게 얽힌 이야기로 넓혀 가며, 읽기 이해와 줄거리 말하기를 함께 연습합니다.

　이런 과정을 차근차근 거친 뒤에야, 3학년 이상이 되어 '독서 감상문'에 줄거리를 요약해서 쓸 수 있습니다. 줄거리를 말하지 못한다고 "우리 아이는 요약을 못 해요."라고 단정 짓기보다, 말하기·문답·모델링 과정을 충분히 거쳤는지 점검해 주세요.

독서 기록장에
같은 표현만 써요

불과 10년 전만 해도 초등학교에서 날마다 한 권씩 책을 읽고 독서 기록장을 쓰게 했습니다. 그 숙제가 부모의 숙제가 되기도 하고, 억지로 읽고 쓰게 하는 것이 과연 교육적으로 옳은지 문제 제기가 이어지면서 요즘은 그런 숙제를 찾아보기 어려워요. 그럼에도 독서 기록장에는 분명히 좋은 점이 있습니다.

첫째, 책을 읽고 내용을 다시 떠올리며 기록하는 과정은 책 내용을 오래 기억하게 합니다. 여행과 체험, 공연이나 영화 감상을 하고 후기를 쓰느냐 마느냐에 따라 기억이 크게 달라지는 것과 같습니다.

둘째, 책의 주요 내용을 정리하거나 인상적인 문구와 느낀 점을 쓰는 과정에서 정리 능력과 표현력이 자랍니다.

셋째, 내가 언제 어떤 책을 읽었고 무엇을 느꼈는지 남는다는 점에서 나만의 독서 기록이 생깁니다.

넷째, 기록하면서 스스로 성장을 확인하고, 이는 내적 동기로 이어져 더 능동적인 읽기를 가능하게 합니다.

이 모든 장점은 '처음엔 시켜서 시작했어도 점차 스스로 좋아서 할 때' 비로소 작동해요. 독서 기록의 의미를 이해하지 못했는데 억지로 시키면 같은 표현을 반복하거나 대충 쓰려는 모습이 나타납니다. 독서 기록을 하지 말라는 의미가 아닙니다. 기록하는 방식에 변화를 주는 전략이 필요하지요.

독서 기록은 꼭 글로만 하는 것이 아닙니다. 책을 읽고 나눈 대화를 녹음하거나, 영상으로 찍어 기록할 수도 있어요. 그림으로 표현하거나, 책과 관련된 요리를 해 보거나, 주인공을 색깔 점토로 만들어 사진을 남기는 것도 훌륭한 독서 기록입니다. 즉 다양한 '읽기 후 활동'으로 독서 기록이 지루한 활동이 아님을 경험하도록 하는 것이 중요합니다. 함께 읽은 책은 부모가 수첩, 공책, 블로그, 패들렛 등에 원하는 방식으로 기록해도 좋습니다.

초등학교에 입학해 스스로 글을 쓸 수 있으면 "이제는 엄마가 하던 독서 기록을 네가 직접 해 보자."라고 자연스럽게 넘겨주세요. 저학년 때는 수첩이나 공책에 책 제목, 작가, 출판사, 주인공 이름을 적고 별점을 매기게 해도 좋습니다. 내용을 요약하거나 중요한 낱말을 적는 활동은 3학년 이후, 본격적인 독서 기록은 5학년 이후에 시작해도 충분합니다. 그래야 진정한 '자기만의 독서 기록장'이 되지요.

우리 현실이 반대라는 점이 안타깝습니다. 저학년 때는 시키면 한 쪽씩 열심히 독서 기록장을 채우지만, 정작 읽기와 쓰기 실력이 늘어야 하는 고학년에는 책을 잘 읽거나 기록하지 않는 아이가 많아요. 스스로 읽고 쓰는 힘이 필요한 시기는 초등학교 고학년 이후입니다.

엉뚱한 부분만
기억하는데 랜찮을까요?

아이들과 책을 읽고 이야기를 나누다 보면 대수롭지 않아 보이는 내용에 집중해서 "이건 왜 그래?", "어떻게 된 거야?", "그게 무슨 뜻이야?" 하고 꼬치꼬치 묻는 경우가 있습니다. 정작 중요한 내용이나 줄거리보다 엉뚱한 부분만 기억하는 게 아닌지 걱정하는 부모님이 많아요. 이런 경우 부모님의 대처법도 아이의 나이와 문해력 단계에 따라 다릅니다.

발생적 문해력 단계(유아)나 초기 문해력 단계(초등학교 1~2학년)라면 아이 질문에 함께 답을 찾아보는 과정이 중요합니다. 예를 들어 아이가 "엘사는 왜 하늘색 드레스를 입었어?"

라고 물으면 "왜 그럴까? 이야기에서 어떤 장면이랑 연결될까?" 하며 흐름과 맥락에서 색깔을 선택한 이유를 함께 추측해 보세요. 엘사의 드레스 색깔이 언제, 왜 바뀌는지 살피면 '엉뚱해 보이는 디테일'이 오히려 이야기 맥락을 이해하는 중요한 실마리가 되기도 합니다.

아이가 기초 문해력 단계라면 스스로 유추하는 연습을 유도해 보세요. 처음에는 "왜 그럴까?" 하며 떠올려 보도록 이끌고, 아이가 어려워하면 "같이 생각해 볼까?" 하며 징검다리를 놔 주고요. 이런 과정을 반복하다 보면 자연스럽게 아이 혼자 추론하고, 이는 '추론적 읽기'와 '맥락 읽기'로 연결됩니다.

아이가 기능적 문해력 단계에 이르면 어른의 도움 없이 추론적 읽기를 할 수 있어서 자연스럽게 읽기 목적에 맞는 정보에 집중해요. 엉뚱한 디테일이 눈에 들어와도 스스로 의미를 찾아 정리하는 힘이 생겼기 때문입니다.

읽어 주기와 읽기 독립

☐ 아이가 왜 책을 읽어 달라고 하는지(정서적 교감과 인지적 부담 감소) 이해하고 있다.

☐ 읽기 독립은 '연령'이 아니라 아이가 스스로 읽기 위한 인지적·정서적 준비도에 따라 판단한다.

☐ 아이가 원한다면 읽어 주기는 필요하며, 읽기 독립으로 자연스럽게 전환하도록 돕는다.

☐ 어른이 읽어 주는 것이 아이가 의미를 이해하고 추론하는 능력을 강화하는 데 도움이 됨을 알고 있다.

혼자 읽기 vs. 함께 읽기 판단

☐ 떠듬떠듬 읽는 단계라면 의미 단위 끊어 읽기 시범을 보여 준다.

☐ 수학이나 과학 등 어려운 텍스트는 어른이 먼저 읽어 주거나 번갈아 읽기로 부담을 줄인다.

☐ 고학년이라도 '같이 읽기-이야기 나누기'는 문해력 확장에 효과적임을 알고 있다.

☐ '스스로 읽기' 단계라도 필요할 때 다시 읽어 주기를 금기시하지 않는다.

무리 아이에게 맞는 읽기 지도 기준

☐ 읽기 지도는 '맞춤형 프로그램'보다 아이와 대화, 관찰이 핵심임을 이해한다.

☐ 무작정 많이 읽거나 억지로 읽게 하는 것이 문해력 향상에 도움이 되지 않음을 알고 있다.

☐ '읽는 환경' 만들기가 책의 '양' 늘리기보다 중요함을 알고 실천한다.

☐ 사교육이나 선행 학습 등 외적 강제가 학교 학습 태도에 부정적 영향을 줄 수 있음을 인지한다.

읽기 유창성 점검과 지원

☐ 아이가 머뭇거리지 않고 소리 내어 읽을 수 있는지 확인한다.

☐ 연령에 맞는 글을 읽을 때도 더듬거리거나 끊어진다면 유창성 훈련이 필요함을 파악한다.

☐ '매일 10분 소리 내어 읽기'를 꾸준히 실천하고 기록한다.

☐ 읽기 오류 감소, 읽는 속도, 끊어 읽기 등을 체크하며 성취를 시각화해 준다.

☐ 사실 이해 읽기가 안정되지 않으면 추론적 읽기가 어렵다는 점을 알고 있다.

☐ 일상에서 "왜 그랬을까?", "상대는 어떤 상황이었을까?" 같은 맥락 질문을 자주 던진다.

☐ 규칙이나 질서를 설명할 때 무조건적 지시가 아니라 상황의 원인과 맥락을 설명하는 방식을 사용한다.

☐ 일상에서 추론적 읽기의 바탕이 되는 사회적 맥락 이해, 공감 능력을 길러 주고 있다.

소리 내어 읽기의 활용과 전환

☐ 소리 내어 읽기는 읽기 자동화에 필요한 과정임을 이해한다.

☐ 연령에 맞는 글을 막힘없이 이해하며 읽는지 살펴서 묵독으로 전환할 시기를 판단한다.

☐ 어려운 글을 읽을 때는 능숙한 독자도 소리 내서 읽는다는 점을 기억하고 허용한다.

☐ '조용히 읽기만 해야 한다'고 강요하지 않는다.

어떤 책을 읽을지 선택하기

☐ 연령별 권장 기준은 '참고용'일 뿐, 아이의 흥미와 발달단계가 우선임을 알고 있다.

☐ 초기 문해력 단계는 아이 스스로 고른 책을 중심으로, 기초 문해력 단계 이후에는 교과 관련 배경지식이 담긴 책도 병행한다.

☐ 2022 개정 교육과정에 따른 추천 도서나 교과서 연계 도서를 참
고한다.

☐ 한 쪽에 모르는 낱말이 다섯 개 이상이면 문해력 수준보다 어려
운 책임을 인지한다.

☐ 서점이나 도서관에 가기를 '정기적 나들이'처럼 활용해 아이가
문해 환경을 경험하게 한다.

☐ 학교나 지역 도서관을 적극적으로 이용하고, 아이가 대출과 반납
경험을 일상화하게 한다.

☐ 표지 보고 내용 예측하기를 비롯해 읽기 전 활동을 자연스럽게
시도한다.

☐ 어른이 책 읽는 모습을 자주 보이는 환경을 만든다.

☐ 스스로 읽지 않는 것이 '문제'라고 단정하기보다 언제, 어떤 상황
에서 읽는지 관찰한다.

☐ 아이가 관심사에서 출발해 '질문→책 찾기→정보 확인'의 탐구
형 독서 경험을 하게 돕는다.

☐ 읽기 기록을 그래프나 스티커 등으로 시각화해 아이의 성취감과
자기 효능감을 높인다.

☐ 고학년은 보상보다 관계나 대화, 자기 의지를 강화하는 식으로 접
근한다.

☐ 초기 문해력 단계부터 기초 문해력 단계는 분량 중심으로 읽기 경험을 넓힌다.

☐ 읽기 유창성이 확보된 이후에는 사실 이해, 중심 문장 찾기를 포함해 꼼꼼한 읽기로 전환한다.

☐ '꼼꼼히 읽기'는 모든 내용을 외우는 게 아니라 목적에 맞는 핵심을 읽는 것임을 이해한다.

☐ 능숙한 독자는 밑줄, 메모 등 능동적 읽기 전략을 사용하는 것을 알고 이를 안내한다.

읽기 후 질문을 싫어하는 아이

☐ 읽기 후 활동은 필수지만, 매번 검사하는 듯한 질문은 독서 의지를 꺾을 수 있음을 인지한다.

☐ 한 달에 1~2회 자연스러운 대화나 함께 읽기로 확인한다.

☐ "읽고 왔는지 확인할 거야."처럼 과제형 독서를 지양한다.

☐ 때로 책과 연결된 간단한 체험 활동을 준비해 즐거운 읽기 후 경험을 만든다.

요약이나 줄거리 설명이 어려운 아이

☐ 요약은 읽기 유창성이 확보된 이후에 가능한 기능임을 이해한다.

☐ '문단에서 중심 문장 찾기→주요 사건 파악하기→줄거리 말하기' 순서로 단계적 발달을 돕는다.

☐ 유아와 초등학교 저학년은 질문 중심 대화로 줄거리 말하기의 기초를 쌓는다.

☐ 본격적 요약 쓰기는 5학년 전후가 적절한 시기임을 알고 조급해하지 않는다.

독서 기록장에서 같은 표현이 반복될 때

☐ 독서 기록은 반드시 글로만 하는 것이 아님을 알고 있다(녹음, 사진, 활동 기록 등 가능).

☐ 초등학교 저학년은 제목, 인물 등 간단한 기록으로 시작한다.

☐ 진짜 독서 기록은 5학년 이후에 자발적으로 할 때 효과가 크다는 점을 이해한다.

☐ 부모도 함께 읽은 책을 기록하며 보여 준다.

엉뚱한 디테일에 집중하는 아이

☐ 유아나 초등학교 저학년이 엉뚱한 디테일을 묻는 것은 정상적인 사고 발달 과정임을 알고 있다.

☐ 질문의 맥락을 함께 찾아보며 이야기 구조를 확장한다.

☐ 기초 문해력 단계에서는 아이가 스스로 유추하도록 돕고, 필요하면 징검다리 도움을 준다.

☐ 초등학교 고학년은 스스로 해결할 추론적 읽기 능력이 있는지 확인한다.

3 쓰기 문해력

글쓰기,
어느 정도 해야 할까요?

글은 읽는데 왜
쓰기를 어려워할까요?

우리는 듣고 말하고 읽고 씁니다. 언어교육에서는 이것을 '듣기, 말하기, 읽기, 쓰기' 네 가지 기능이라 하지요. 듣기와 말하기는 입말(구어)로 이루어지기 때문에 구어 교육, 읽기와 쓰기는 글말(문어)로 이루어지기 때문에 문자 교육이라고 합니다. 즉 언어 형태가 소리냐, 문자냐에 따라 학습 영역을 나누는 것입니다. 듣기와 읽기는 말이나 글로 표현된 내용을 이해하는 활동이고, 말하기와 쓰기는 나타내고 싶은 내용을 말이나 글로 표현하는 활동입니다. 정리하면 다음과 같습니다.

불안을 잠재우는 문해력 상담소

분류 기준	이해 기능	표현 기능
입말	듣기	말하기
글말	읽기	쓰기

읽기와 쓰기가 모두 글말로 된 활동이지만, 듣기와 말하기는 읽기와 쓰기를 배우기 전에 자연스럽게 학습된 상태로 입학합니다. 즉 이해 기능은 듣기로, 표현 기능은 말하기로 형성된 상태에서 초등학교 1학년 1학기에는 이를 문자 기반의 읽기와 쓰기로 전환하는 과정이 진행되지요. 따라서 1학년 국어 교육은 듣기에서 읽기로, 말하기에서 쓰기로 넘어가는 활동으로 구성됩니다.

"글은 줄줄 읽는데 왜 쓰기는 못하지?"라는 질문은 읽기와 쓰기가 기능적으로 다른 활동이라는 점에서 이해할 수 있습니다. 글을 읽고 이해하는 활동과 쓰고 싶은 내용을 떠올려 글자로 표현하는 활동은 서로 다른 사고 과정과 기술을 요구하지요.

레프 비고츠키(Lev Semenovich Vygotsky)는 쓰기가 '이중 추상화'를 요구하는 고차원적인 정신 기능이라고 말했습니다. 이중 추상화는 먼저 쓰고 싶은 내용을 떠올리고(의미 구성), 그 소릿값을 자음과 모음으로 연결해 글자로 쓰는 문자 구성 과정이 필요하다는 뜻입니다.

예를 들어 '레스토랑'이라는 단어를 읽지만 쓰지 못하는 아이가 있습니다. 아이는 읽기 과정에서 이 단어를 하나의 덩어리로 인식한 상태입니다. 그러나 쓸 때는 '레→ㄹ+ㅔ'로 분석해야 하기에 읽기와 전혀 다른 기능을 사용해야죠. 그래서 "어떻게 쓰는지 모르겠다."고 하는 것입니다. 즉 읽는다고 바로 쓸 수 있는 것은 아니에요. 읽기는 이해 기능이고, 쓰기는 표현 기능이기 때문입니다.

이런 때는 '낱말 불리기 수첩'을 만들어 주세요. 쓰다가 모르는 글자가 있으면 언제든 물어보게 하고, 아이가 말한 단어를 그대로 수첩에 적어 주면 됩니다. 예를 들어 "'재미있다'의 '재'는 어떻게 써요?"라고 물으면 수첩에 '재미있다'를 적어 주세요. 이 방법은 아이가 문자를 구성하지 못해서 쓰기를 중단하는 걸 예방하고, 수첩에 쌓이는 단어를 통해 '전에는 몰랐어도 이제는 알게 되었구나' 하는 성취감이 들게 합니다.

받아쓰기는 언제
시작하는 게 좋을까요?

받아쓰기가 '맞춤법 학습의 지름길'이라고 여기던 시기가 있었습니다. 초등학교 1학년 때 가장 큰 이야깃거리가 받아쓰기 연습과 점수였지요. 부모님은 학교에서 나눠 준 받아쓰기 급수표로 아이를 연습시키며 100점을 맞아야 한다고 다그치기도 하고, 틀린 개수만큼 다시 쓰게 하거나 방과 후에 남게 해 공부시키는 것을 '열성적인 교육'이라 여기기도 했습니다.

지금은 생각이 많이 달라졌어요. 시대가 변함에 따라 학습과 뇌 구조에 관한 학문적 연구가 발달하면서, 받아쓰기 연습이 맞춤법 학습의 완성으로 이어지지 않는다는 결과가 나옵니다.

인공지능을 비롯해 디지털 기반 학습 도구가 등장하면서 받아쓰기 방식도 예전과 다른 형태로 확장되고 있습니다.

결론적으로 받아쓰기를 시작할 시기는 아이의 준비도에 따라 다릅니다. 요즘 학습지나 디지털 학습 기기가 '자기 주도적 학습', '맞춤형 학습'을 강조하는 이유도 같은 맥락이에요. 아이의 인지 발달과 문해력 수준에 따라 받아쓰기를 시작할 시기가 달라져야 한다는 연구 결과가 많습니다.

초등학교 1학년은 한글 해득 단계입니다. 이 시기에는 자음과 모음이 만나 글자가 되고, 글자를 읽으면 말소리가 되는 원리를 이해하는 과정이 중요해요. 소릿값과 자모음의 관계를 이해하지 못하면 글자를 그림처럼 외우기 때문에 받아쓰기도 외우기로 이어질 수 있습니다.

글자를 줄줄 읽는 아이도 마찬가지입니다. 예를 들어 '재미있었다'를 줄여서 '재밌었다'라고 쓸 수 있다는 것을 이해하는 아이가 있고, 그냥 외워서 쓰는 아이도 있습니다. 이해하고 쓴 아이는 오류가 적지만, 이해 없이 외운 아이는 '재미썼다' 같은 오류를 반복하지요. 이런 현상은 연음법칙에도 보입니다(예: '놀이터'를 [노리터]라고 들리는 대로 쓰는 경우).

이런 문법적 이해는 초등학교 3학년부터 본격적으로 배우기

 불안을 잠재우는 문해력 상담소

시작합니다. 왜 3학년일까요? 연구에 따르면 초등학교 3학년이 문법적 이해가 가능해지는 인지 발달 시기이며, 우리말 체계 이해가 완성되는 시점이기 때문입니다. 물론 아이마다 속도 차이는 있지요. 1학년 때 설명하면 바로 이해하는 아이도 있고, 3학년인데 어려워하는 아이도 있습니다.

이해가 빠른 아이에게 받아쓰기는 글자의 구조와 소릿값을 연습하는 좋은 경험이지만, 준비되지 않은 아이에게는 힘든 과제입니다. 준비되지 않은 아이에게 받아쓰기는 '학습'이 아니라 '형벌'이고, 국어 학습과 문해력에 대한 부정적 정서를 심어 주며, 자기 효능감을 낮출 수 있습니다.

아이들은 저마다 학습 속도가 다릅니다. 받아쓰기를 시작하기 전에 우리 아이가 문해력 수준과 인지 발달단계에 맞는 학습을 하고 있는지 살펴보는 것이 무엇보다 중요합니다.

맞춤법,
어떻게 가르쳐야 하나요?

맞춤법 학습을 위해서는 먼저 쓰기 발달을 이해해야 합니다. 맞춤법은 글쓰기에 필요해요. 글쓰기는 어떤 목적이나 의도를 가지고 자기 생각이나 의견, 주장을 글로 기록해서 전달하는 행위입니다. 내용을 정확히 전달하기 위해 맞춤법이 필요하지만, 맞춤법이 틀렸다고 내용 전달에 큰 문제가 생기지는 않습니다. 인간은 문자의 일차적 의미보다 맥락에 따른 의미를 파악하기 때문입니다. 이를 '타이포글리세미아(typoglycemia) 현상'이라고 해요. 이 현상은 단어의 철자가 섞여 있어도 읽고 이해할 수 있는 인지적 특성을 가리킵니다. 예를 들어 볼까요?

불안을 잠재우는 문해력 상담소

"이 문장은 놀랍개도 문벅이 틀렷지맛 충분히 이해할 수 이따."

맞춤법이 곳곳에서 틀렸는데도 위 문장을 읽을 수 있는 이유는, 글자를 하나씩 해독하는 것이 아니라 단어의 형태와 패턴을 인식하기 때문입니다. 다만 이 현상은 읽기 유창성이 확보된 기초 문해력 단계 이후에 나타나므로, 초기 문해력 단계에서 드러나는 오류와 같이 보면 안 됩니다.

그럼에도 철자를 정확하게 쓴다는 것은 형태소 기반의 문자 이해를 전제하므로, 일반적으로 초등학교 3학년 이후에는 맞춤법 지도가 필요합니다. 초등학교 3학년 이후가 적절한 이유는 쓰기 문해력이 기초 문해력에서 기능적 문해력으로 넘어가는 시점이기 때문이에요.

1학년 초기 문해력 단계에서는 '학교'를 쓸 때 먼저 소릿값을 떠올리고, 자음과 모음을 연결해 의식적으로 쓰는 과정이 필요합니다. 반복 연습으로 익숙한 낱말은 자동으로 쓸 수 있고, 이때 쓰기 유창성이 형성됩니다. 빠르면 1학년 2학기, 늦으면 2학년 2학기쯤 이 단계에 이르지요. 따라서 쓰기가 자동화된 이후에 맞춤법을 배우는 것이 부정적 정서나 부담감을 줄일 수 있어 초등학교 3학년 전후가 적절하다고 봅니다.

맞춤법 학습 중 받아쓰기가 가장 흔한 방법이에요. 받아쓰기의 효용성에 의견이 다양하지만, 제대로 활용하면 효과가 없는 방법은 아닙니다. 어떻게 시행하느냐에 따라 결과가 다르죠. 받아쓰기는 두 가지 목적에 따라 나눌 수 있습니다.

사전 받아쓰기:

연습 없이 제시된 낱말이나 문장을 받아쓰며 맞춤법 오류를 확인하는 방식. 효율적이지만 시험처럼 느껴질 수 있으므로 아이와 협의 후 시행하는 것이 좋다.

사후 받아쓰기:

아이가 쓴 글에서 오류를 찾아 원인을 설명하고, 자주 틀리는 낱말 목록을 만들어 다시 쓰게 하는 방식. 부담이 적으면서 효과가 높다.

사후 받아쓰기를 꾸준히 하면서 필요할 때 사전 받아쓰기로 점검하는 방법이 가장 좋습니다. 두 받아쓰기의 장점을 모두 활용할 수 있습니다.

띄어쓰기가
너무 힘들어요

한글이 창제된 이후 세로쓰기를 하던 시대에는 띄어쓰기 개념이 없었습니다. 1877년 존 로스(John Ross)라는 선교사가 편찬한 한글 교재 『조선어 첫걸음』에서 영어식 띄어쓰기가 처음 적용되었고, 1896년 〈독립신문〉 창간과 함께 띄어쓰기가 도입되었지요. 이후 1933년 조선어학회가 한글 맞춤법 통일안을 만들면서 지금의 띄어쓰기 규정이 정립되었다고 합니다.

한글 띄어쓰기는 규칙이 복잡하고 예외가 많아 어른들도 헷갈립니다. 따라서 초등학생에게 완벽한 띄어쓰기를 요구하기보다 띄어쓰기 발달단계에 맞게 안내하는 것이 필요합니다.

1단계 _ 띄어쓰기 개념을 인지하는 단계 (유치원~초등학교 1학년)

단어와 단어 사이에 공간이 있다는 것을 인지하는 단계입니다. 띄어쓰기를 시도해도 규칙 이해가 부족해 엉뚱한 곳에서 띄어 쓰기 쉬워요. 아이가 띄어쓰기를 전혀 하지 않거나 엉뚱한 위치에서 띄어 쓴다면, 아이가 띄어 쓴 부분에 띄어쓰기 표기(∨)를 하며 읽는 방법이 도움이 됩니다.

띄어쓰기 오류의 예:

나는학교∨에갔다. 그리고학교∨에서공∨부를했∨다.

∨ 표기하며 읽기:

나는∨학교에∨갔다. 그리고∨학교에서∨공부를∨했다.

2단계 _ 기초 규칙을 배우는 단계 (초등학교 2~3학년)

학교 교육과정에서 띄어쓰기 규칙을 배우기 시작하는 단계입니다. 단어와 조사를 구분해 간단한 문장에서는 띄어쓰기 적용이 가능하지요. 다만 이 단계는 문법적 개념을 이해하기보다 '나는'에서 '는'은 '나'에 붙어서 오는 것이고, '학교에'에서 '에'도 '학교'에 붙여 쓰는 거라서 띄어 쓰면 안 된다는 수준의 규칙 적용에 가까워요. 그래서 문장이 길어지거나 예외 규칙이

   불안을 잠재우는 문해력 상담소

등장하면 어려워합니다.

3단계 _ 규칙을 이해하고 적용하는 단계 (초등학교 4학년 이후)

이 단계에서는 명사와 조사, 동사 기본형과 어미 등 간단한 문법 개념을 배우며 띄어쓰기를 적용할 수 있습니다. 다양한 읽기 경험을 통해 띄어쓰기를 이미지처럼 인식하고, '붙여 썼다가 아닌 것 같아 다시 띄어 쓰는' 모습도 보입니다.

> **띄어쓰기 자기 수정의 예:**
>
> 나는 노래를 부를거다. → 나는 노래를 부를 거다.

요즘은 문서 작성 프로그램에서 자동 수정 기능을 통해 띄어쓰기 규칙을 익히는 경우가 많아요. 글쓰기에서 띄어쓰기 지도는 필요하지만, 처음부터 완벽을 요구해선 안 됩니다. 쓰기 유창성이 확보되지 않은 상태에서 띄어쓰기를 강요하면 쓰기에 대한 부담과 부정적 경험이 생길 수 있거든요. 따라서 띄어쓰기 개념을 익히는 초기 단계에는 띄어 쓴 부분을 유심히 보고 읽으면서 연습하는 것이 좋습니다.

생각을 말하거나
글로 쓰는 걸 어려워해요

자기 생각을 말로 표현하는 것과 글로 표현하는 것은 층위가 다른 문제입니다. 글로 쓰기 위해서는 자기 생각을 말로 표현할 수 있어야 하기 때문이지요. 따라서 말로 표현하는 경험을 충분히 쌓는 것이 중요합니다.

아이가 자기 생각을 말하지 못한다는 것이 어떤 의미인지 살펴보세요. 생각은 있지만 말하는 것이 부끄럽거나 불편한지, 경험한 뒤 생각을 물어보면 "몰라", "좋았어" 식으로 단답형 표현만 하는 상황인지에 따라 접근 방법이 다릅니다.

부끄럽거나 불편해서 표현하지 못하는 경우라면 이런 반응이 유치원이나 학교처럼 공적인 상황에서만 나타나는지, 집처럼 사적인 공간에서도 나타나는지 확인해야 합니다. 사적인 공간에서도 지속된다면 상담을 고려해 볼 수 있습니다. 집에서는 말을 잘하는데 공적인 상황에서만 어려움을 느낀다면 여러 사람 앞에서 말하기를 천천히, 긍정적인 경험으로 자주 할 수 있게 도와주세요. "왜 말을 못 해?" 같은 압박 표현은 피해야 합니다. 잔소리하는 대신 『틀려도 괜찮아』, 『발표하기 무서워요』와 같이 아이가 공감할 수 있는 주인공이 등장하는 그림책을 읽어 주고, 교사에게 발표 연습을 도와달라고 요청해도 좋아요. 이 과정은 시간이 걸릴 수 있습니다. 1~2학년 때 어려움을 겪던 아이가 3~4학년에야 자연스럽게 달라지는 경우도 흔해요. 결국 표현하는 주체는 아이라는 사실을 기억해야 합니다.

아이가 경험한 것을 말할 때도 "몰라, 그냥 좋았어."라고 한다면 경험의 의미화를 돕는 일상의 대화가 필요합니다. 자기 생각을 말로 표현하는 과정은 경험에 의미를 부여하고 기억을 정리한 다음, 다시 꺼내서 표현하는 과정이기 때문입니다. ▶ [참고: ❾ 겪은 일을 말로 표현하지 못해요]

일상에서 다음과 같은 질문을 거듭 경험하게 해 주세요.

오늘 뭐가 가장 재미있었어?

그게 왜 재미있었을까?

엄마는 이게 제일 맛있었어. 이유는…….

아빠는 이런 꿈을 꾸고 이런 생각을 했는데,
넌 어떤 꿈을 꾸었어?

아이에게 먼저 묻고, 어른이 모델링해 주는 것이 효과적입니다. 말로는 잘 표현하지만 글로 쓰기 어려워한다면, 말로 먼저 표현하고 그 문장을 글자로 옮기게 하세요. 재밌다의 '밌'처럼 단어에서 어떤 글자를 쓸 줄 몰라 어려워하는 아이는 '낱말 불리기 수첩'을 활용하면 도움이 됩니다. ▶[참고: ㉘ 글은 읽는데 왜 쓰기를 어려워할까요?]

글자는 쓰는데
글쓰기가 너무 싫대요

글자는 쓰는데 글쓰기를 싫어하는 아이들이 있습니다. 글자를 쓴다는 것은 초기 문해력 단계에서 글자 쓰기가 가능하다는 의미고, 글쓰기는 그다음 단계인 기초 문해력에서 쓰기 유창성으로 가는 과정입니다. 두 활동은 비슷해 보이지만 질적으로 전혀 다른 행위예요. 따라서 글자는 쓰는데 글쓰기를 어려워하는 것은 인지적으로나 정서적으로 자연스러운 반응입니다. 글쓰기는 다음 도표처럼 의미 구성과 문자 구성, 두 가지 과정으로 나뉩니다.

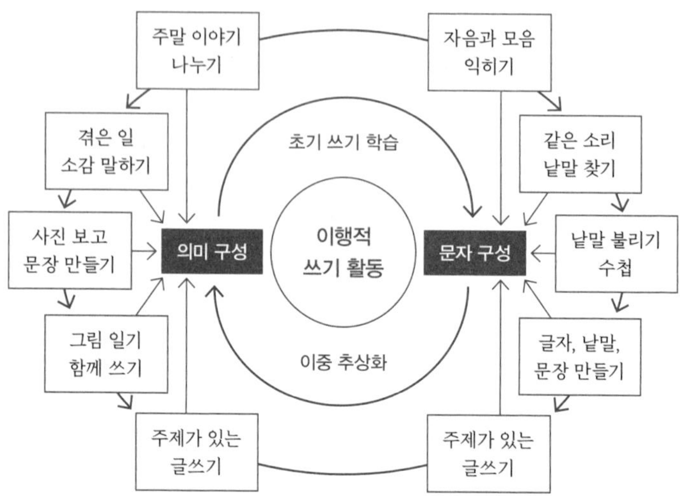

글을 쓰려면 우선 의미 구성이 필요합니다. 의미 구성은 하고 싶은 말, 쓰고 싶은 내용을 떠올리는 과정이에요. 주말 이야기 나누기, 겪은 일 소감 말하기, 사진 보고 문장 만들기 등을 통해 경험과 생각을 말로 정리하며 연습할 수 있습니다. 대다수 아이는 이 과정을 형식적으로 배우지 않아도 언어 발달 과정에서 자연스럽게 익히죠.

그다음 문자 구성은 떠올린 내용을 글자로 쓰는 과정입니다. 말소리의 소릿값을 떠올리고, 그에 해당하는 자음과 모음을 연결해 정확한 글자로 표기해야 하니 매우 의식적인 인지 활동이며 부담이 커요. 아이가 '쓰고 싶은 말이 있는데 어떻게 쓰는지

불안을 잠재우는 문해력 상담소

몰라서’ 어려워한다면, 앞에 소개한 ‘낱말 불리기 수첩’을 활용해 보세요.

글자는 쓰는데 글쓰기가 싫다고 하는 아이는 먼저 쓰기가 어느 수준까지 가능한지 확인해야 합니다. 쓰기 유창성이 확보되거나 자동화되지 않은 단계는 문자 구성 자체가 부담스러우므로, ‘낱말 불리기 수첩’을 활용해 쓰기 자동화 단계에 이르게 도와줘야 합니다.

쓰기 유창성이 확보되었는데도 글쓰기를 싫어한다면, 글쓰기가 필요한 이유를 이해시키는 과정이 필요합니다. 예를 들어 학교에서 주 3회 글쓰기 과제가 있다면 그 기회를 활용하고, 기회가 없다면 스스로 쓸 계기를 만들어 주세요. 이 시기 아이들은 조건과 협상에 익숙해서 목표를 정하고 보상을 연결하는 방식이 효과적일 수 있습니다. 예를 들어 글 10편을 완성하면 약속한 보상을 제공하는 식이죠. 글의 분량이나 조건은 학년에 따라 조정합니다. 1~2학년은 세 문장 이상, 3~4학년은 다섯 문장 이상, 5~6학년은 열 문장 이상 쓰되, 겪은 일과 그에 관한 생각이나 감정을 표현하는 정도로 조건을 제시하세요. 아이가 글을 쓰고 나면 반드시 독자로서 따뜻한 피드백을 해 줘야 합니다.

아이가 연필로 쓰는 자체를 힘들어하면, 자판에 입력하는 연습을 한 뒤 문서 작성 프로그램을 활용해 글을 쓰게 할 수 있

어요. 디지털 환경에서는 맞춤법이나 띄어쓰기 오류를 바로 확
인하고 수정할 수 있고, 구글 문서나 블로그를 활용하면 언제
어디서든 피드백을 주고받기 쉽습니다.

 불안을 잠재우는 문해력 상담소

문장부호는 언제부터
알려 줘야 하죠?

현재 초등학교 국어 교육과정에서 문장부호는 1학년 때 배웁니다. 1학기에 마침표(.)와 쉼표(,), 물음표(?), 느낌표(!)를 배우고, 2학기에 큰따옴표(" ")와 작은따옴표(' ')를 익히지요. 문장부호의 이름과 쓰임을 알고, 쓰기에서 활용할 수 있게 하는 것이 목표입니다. 초등학교 1학년 국어 교육과정은 다음과 같습니다.

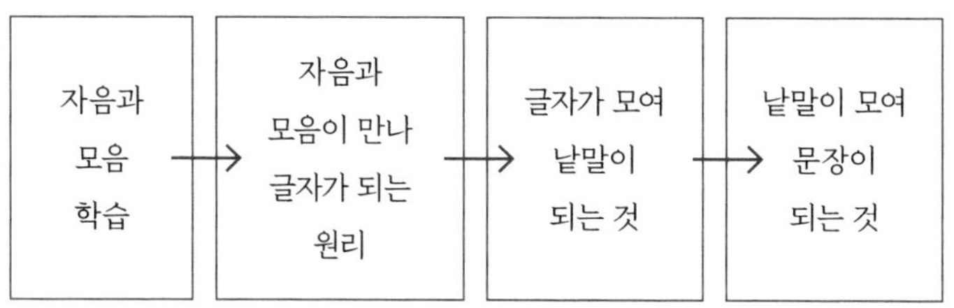

문장부호는 문장을 쓸 때 필요한 요소이기 때문에 1학년부터 문장부호를 배우도록 구성되어 있습니다. 그러나 문장부호를 배운다고 아이들이 바로 쓰기에 활용하진 않아요. 곱셈을 배우자마자 곱셈을 자유롭게 하지 않는 것과 마찬가지입니다.

문장부호도 지속적인 쓰기 경험으로 익힙니다. 따라서 1학년 1학기에 배웠으니 네 가지 문장부호(마침표, 쉼표, 물음표, 느낌표)를 모두 정확히 사용하라고 요구해선 안 됩니다. 문장 개념이 아직 잡히지 않은 시기이므로, 가장 먼저 마침표를 익히도록 안내하세요. 문장부호를 제대로 사용하지 않는 대표적인 예는 아무 데나 마침표를 찍는 경우입니다. 이때는 마침표의 쓰임이나 문장 개념을 모르고 단순히 모방하는 행동이니, "마침표는 '~합니다 ~했어요'처럼 말이 끝나는 부분에 찍는다."라고 기준을 반복해서 알려 주면 곧 수정됩니다. 학교교육 전에 글자 쓰기를 배운 아이는 마침표를 전혀 쓰지 않을 수 있어요. 이때는 습관이 되어 고치는 데 시간이 걸리지만, 바른 사용법을 꾸준히 알려 줘야 합니다.

마침표 사용이 익숙해지면 쉼표를 가르쳐 주세요. 아이들은 글을 쓸 때 '나랑 엄마, 아빠, 동생', '사과, 피자, 콜라'처럼 나열하는 경우가 많으므로, 쉼표 사용법을 제대로 알려 줘야 합니

다. "엄마, 도와주세요."처럼 부르는 말 뒤나 "내가 말하고 싶은
건 바로, 이거라고!"처럼 강조하고 싶을 때도 쉼표를 쓰는 것은
나중에 배웁니다.

아이가 마침표와 쉼표를 적절히 사용하면 물음표와 느낌표
쓰기를 점검할 차례입니다. 다만 1학년 수준의 글에는 의문문
이나 감탄문이 적으니, 쓰기보다 읽기 과정에서 발견하고 익히
는 방식이 자연스러워요. 아이가 글을 읽을 때 "여기에서는 묻
는 말이니까 물음표를 쓴 거야.", "이 장면에서는 놀라는 감정이
확 느껴지니까 느낌표가 들어가."처럼 알려 주거나 찾아보게
하는 식이죠. 문장부호 학습은 단번에 완성되지 않고, 읽기와
쓰기 경험을 통해 단계적으로 정착됩니다.

일기는 몇 문장이 적당한가요?

2023년까지 시행한 2015 개정 교육과정에서는 그림일기를 1학년 1학기에 배웠습니다. 그러나 한글을 겨우 익히는 시기에 그림일기까지 쓰기 어렵다는 의견이 반영되어, 2024년부터 1학년 2학기에 배우도록 변경되었습니다.

일기는 몇 문장이나 쓰면 될까요? 답은 교과서에 있습니다. 1학년 그림일기에 실린 예시는 세 문장입니다. 경험한 일이 두 문장, 그 일에 관한 생각이나 느낌이 한 문장이죠. 그래서 1학년 글쓰기의 기본은 세 문장이고, '세 문장 이상 쓰기'를 목표로 연습합니다. 유승아의 2019년 박사 학위논문에 따르면, 초등학교 1학년 1학

 불안을 잠재우는 문해력 상담소

기에 한 문장도 쓰지 못한 학생이 24%, 1학년 2학기 말에 세 문장을 쓰지 못한 학생이 11%였습니다. 10명 중 1명은 '세 문장 쓰기'를 익히지 못한 채 2학년이 된다는 뜻이지요.

그림일기는 글쓰기로 가는 징검다리입니다. 쓰고 싶은 내용을 떠올리는 '의미 구성' 단계에서 그림을 그리며 기억을 불러오고, 그 그림을 기반으로 문장을 만드는 과정이 연결됩니다. 따라서 경험한 일을 자연스럽게 말하는 아이라면 그림으로 표현하는 과정이 필요하지 않을 수도 있습니다. 그림은 글쓰기로 가는 징검다리인데, 그림일기에서 그림을 완성도 있게 그려야 한다고 강조하면 본말이 전도된 셈입니다.

쓰기에서 기준이 되는 문장 수는 학년이 올라감에 따라 늘어납니다. 3〜4학년 다섯 문장, 5〜6학년 열 문장 정도가 기준이 될 수 있습니다. 이때 '재미있었다.'처럼 단어 하나로 된 문장이 아니라, '달리기하며 방향을 바꾸는 게 재미있었다.'와 같이 원인과 결과가 드러나는 문장 구성이 필요합니다.

쓰기 유창성 단계에 도달한 아이들은 열 칸 국어 공책 두 쪽 이상을 쉬지 않고 쓰기도 해요. 이른바 '쓰기 폭발' 현상입니다. 떠오르는 걸 전부 쓰면서 재미와 피곤함을 동시에 느끼기도 합니다. 이는 자연스러운 발달 과정이므로 조급하게 끊지 말고 충분히 경험하도록 격려해 주세요. 3~4학년 때 글의 중심 내용 찾기, 5~6학년 때 내용 조직해서 쓰기를 배우며 '생각나는 대로 다 쓰는 것'에서 '목적에 따라 선택해 쓰는 것'으로 자연스럽게 전환됩니다.

일기가 만날
'참 재미있었다.'로 끝나요

많은 아이가 '참 재미있었다.'라는 표현을 일기 마지막 문장으로 씁니다. 왜 그럴까요? 가장 큰 이유는 정말 재미있었기 때문입니다. 우리는 어떤 경험을 글로 쓸 때, 보통 재미있었던 일이나 좋았던 순간, 기억에 남는 경험부터 떠올립니다. 조금 더 자라면 기분 나빴던 일이나 속상했던 일도 쓰지요.

일기를 쓰기 시작하는 시기는 '쓰기 유창성' 단계이므로 같은 표현을 반복해도 괜찮습니다. 이때는 표현을 제한하기보다 표현의 폭을 넓히는 질문과 대화가 도움이 됩니다. 예를 들어 다음과 같이 자연스럽게 이어 보세요.

아이가 쓰기 유창성 단계를 넘어가면 '왜 재미있었는지' 써 보라고 안내해 주세요. 결과(재미있었다)뿐 아니라 그 원인을 찾아보라는 뜻이죠. 한 문장에서 원인과 결과를 자연스럽게 연결하는 능력은 초등학교 3학년쯤 발달합니다. 이 시기에는 접속사 '왜냐하면'을 일상 대화나 글쓰기에 사용할 수 있는지로 진단하지요. '~했다. 왜냐하면 ~때문이다.'라는 문장을 읽고 이해할 수 있는지, 이 구조로 자기 경험이나 생각을 표현할 수 있는지 점검해 보세요.

이 과정에서 '경험의 의미화'와 풍부한 언어적 상호작용이 중요합니다. 아이가 스스로 해내기 어렵다면 어른이 경험을 이야기로 푸는 시범을 보이는 방법이 효과적입니다. 영화 보기, 체험 학습, 책 읽기, 산책, 식사 등 일상 속 경험을 자연스럽게 표현해 주세요. 이때 아이에게 먼저 요구하기보다 어른이 생각을 말하는 방식이 좋습니다.

엄마는 이 장면이 제일 좋았어.
바람에 흔들리는 나뭇잎이 반짝거려서
기분이 좋았거든.

아빠는 날씨가 추워서 그런지
오늘 먹은 된장찌개가
유난히 따뜻하고 맛있었어.

엄마는 네가 약속을 지키지 않고
거짓말을 해서 속상했어.

이와 같은 대화가 반복되면 아이가 표현하는 방식이 다양해지고, 문장 구성 능력도 풍부해집니다. 이런 과정이 일기 쓰기를 포함한 전체 문해력 발달의 기반이 됩니다.

베껴 쓰기, 글씨 교정에 도움이 되나요?

도움이 될 수도 있고, 안 될 수도 있으며, 오히려 글쓰기 습관을 망칠 수도 있습니다. 문제는 '베껴 쓰기'라는 행위 자체보다 목적이 무엇이고, 어떤 상황에서 하느냐에 따라 결과가 달라진다는 점입니다.

2022 개정 교육과정에 따른 1학년 1학기 국어·국어 활동 교과서를 보면 베껴 쓰기 활동이 여럿 나옵니다. 한 학급이 24명이라면 문해력 수준은 24명 모두 다르지요. 이때 똑같이 베껴 쓰기를 시키면 배움이 느린 학생에게는 말 그대로 그림 따라 그리기가 되고, 한글 해득이 끝난 학생에게는 교육적 의미 없이

지루한 과제가 될 가능성이 큽니다.

베껴 쓰기 혹은 따라 쓰기가 글자 모양을 잡는 데 도움이 되려면, '글자를 바르게 쓰고 싶다.'는 자발적 의지가 있어야 합니다. 글자를 예쁘게 쓰고 싶은데 방법을 잘 모를 때, 잘 쓴 글씨를 따라 써 보는 활동은 분명 효과적이지요. 억지로 하는 아이에게는 연필로 획을 움직이는 '운동 기능 연습'에 그칠 뿐입니다.

그렇다면 글자를 바르게 써야 하는 이유는 무엇일까요? 요즘은 대부분 디지털 기기로 글을 쓰는데, 굳이 글씨 쓰는 연습이 필요할까요? 단순히 예쁘게 보이기 위해서가 아닙니다. 아이에게 바른 글씨를 가르치려는 이유를 어른이 정리해 두면, 그 논리로 아이와 대화 나누며 함께 연습할 동기를 만들 수 있어요. 글자 바르게 쓰기는 눈과 손의 협응 능력, 공간지각 능력, 구성 능력과 연결됩니다. 정사각형 칸에 자음과 모음을 조화롭게 배치하는 일은 작은 공간에서 형태를 예측하고 배치하는 과정이며, 이는 인지 발달과도 맞닿아 있습니다.

아이나 가족 이름을 다양한 글꼴로 출력해서 보여 주고, 마음에 드는 글꼴을 따라 쓰게 해 보세요. 글꼴마다 자음과 모음 배치 원리가 다르므로, 그 원리를 관찰하며 정사각형 안에 글자를 배치하게 하세요. 무의식적으로 쓰는 것보다 머릿속에서 모양을 그리고 그 이미지를 손으로 구현하는 과정이 큰 도움이 됩니다.

흘려쓰기도 마찬가지입니다. 멋지게 쓰려면 형태를 머릿속에 이미지로 떠올리고, 그 흐름에 따라 써 내려가야 한다는 것을 알려 주세요. 글은 남이 읽을 수 있어야 한다는 점을 자연스럽게 이해시키는 것이 무엇보다 중요합니다.

베껴 쓰기, 문장력 향상에 도움이 될까요?

따라 쓰기나 베껴 쓰기를 한다고 단기간에 문장력(글을 짓는 능력)이 향상되지 않습니다. 따라 쓰기가 문장력에 직접적으로 작용하는 활동이 아니기 때문입니다. 문장력은 자기 생각이나 경험을 말로 표현하는 능력, 어휘력, 배경지식의 영향을 더 크게 받습니다. 따라 쓰기보다 좋은 문장을 암기하거나 반복해서 읽기가 효과적인 경우도 있지요.

물론 자신에게 의미 있는 구절이나 기억하고 싶은 문장을 따라 쓰고 필요할 때마다 다시 읽어 보면 도움이 됩니다. 하지만 초등학교 1~2학년만 되어도 손으로 글을 따라 쓰는 활동에 쉽게 피로를 느껴요. 이 경우 낱말과 문장 등을 자판으로 입력하는 연습을 하는 것이 더 효율적일 수 있습니다.

아이들이 초등학교 3학년쯤 되면 일상 언어를 더 분석적으로 이해하고, 이에 따라 맞춤법도 일정 수준 완성됩니다. 이 시기에 자판 입력을 연습하면 낱말을 이루는 음소나 받침을 자연스럽게 인지하면서 입력하게 되고, 이런 습관이 글씨를 쓸 때도 이어져 음소 인식 기반의 맞춤법 사용으로 연결됩니다.

기본 자판 입력 연습이 익숙해지면 문장 입력 연습을 합니다. 이 단계에서는 마침표와 물음표 등 문장부호, 띄어쓰기도 사용하지요. 이후에는 알퐁스 도데의 「별」처럼 문단이 있는 글을 입력하는 단계로 넘어가는데, 이때 글을 읽고 이해하는 과정과 입력 과정이 동시에 일어나기 때문에 쓰기 유창성과도 연결됩니다.

초기에 자판 위치를 찾느라 작업 기억을 모두 사용하면 내용을 이해하기 어렵지만, 자판을 외워 입력이 자동화될 정도로 익숙해지면 내용을 이해하는 데도 여유가 생깁니다. 이렇게 숙달되면 자기 생각을 글로 표현할 때 글씨 쓰기보다 자판 입력이 수월하다고 느끼는 아이도 많아요.

문장력은 자기 생각을 끊임없이 표현하는 과정에서 자랍니다. 같은 내용을 여러 가지 방식으로 표현하면서 조사와 서술어, 음소가 주는 느낌의 차이를 스스로 발견해 가는 것입니다. 따라서 따라 쓰기나 베껴 쓰기보다 말로 충분히 표현하고 그 말을 글로 옮기는 경험을 꾸준히 지원하고 격려하는 것이 훨씬 중요합니다.

읽기와 쓰기 기능

☐ 읽기(이해 기능)와 쓰기(표현 기능)가 서로 다른 인지 과정임을 알고 있다.

☐ 글을 읽지만 쓰기는 어려운 것도 정상 발달 과정으로 이해한다.

☐ 쓰기가 어려운 아이에게는 '낱말 불리기 수첩'처럼 문자 구성 부담을 줄이는 방법을 활용한다.

받아쓰기 시작 시기

☐ 받아쓰기는 준비도와 인지 발달 수준에 따라 시기가 달라짐을 알고 있다.

☐ 초등학교 1학년은 글자의 짜임을 배우는 시기임을 이해한다.

☐ 받아쓰기가 곧 맞춤법 완성으로 이어지지 않는다는 점을 알고 있다.

☐ '사전 받아쓰기'와 '사후 받아쓰기'의 차이를 알고, 사후 받아쓰기 중심으로 지도한다.

☐ 맞춤법 지도는 쓰기 유창성이 확보된(대략 초등학교 3학년) 이후
가 적절한 시기임을 알고 있다.

☐ 맞춤법 오류는 맥락 이해로 보완되는 경우가 많음을 이해한다.

☐ 맞춤법 오류는 반복적 확인과 설명→재확인 단계로 지도한다.

☐ 받아쓰기 외에도 글쓰기 과정에서 자연스럽게 맞춤법을 익힐 수
있음을 알고 있다.

☐ 띄어쓰기는 규칙과 예외가 많아 초등학교 고학년이 되어도 어려
운 문항임을 알고 있다.

☐ 1단계(유아~초등학교 1학년): 띄어쓰기 개념 인지

☐ 2단계(초등학교 2~3학년): 단어와 조사 구분 등 기초 규칙 적용

☐ 3단계(초등학교 4학년 이후): 문법적 이해 기반 적용

☐ 띄어쓰기 오류는 읽기 활동과 연계해 자연스럽게 교정한다.

- ☐ 말하기의 어려움과 글쓰기의 어려움은 다른 층위임을 알고 있다.

- ☐ 말 표현 자체가 어려운 경우 원인(부끄러움이나 불편함, 상황적 원인)을 구별한다.

- ☐ 사적 공간에서도 말 표현이 어렵다면 전문 상담이 필요할 수 있음을 인식한다.

- ☐ 경험을 의미화하는 일상의 대화가 글쓰기 준비 과정임을 이해한다.

- ☐ 글쓰기가 어렵다면 말로 표현하고 나서 글로 전환하는 방식을 활용한다.

- ☐ 글자 쓰기와 글쓰기가 전혀 다른 인지 활동임을 이해한다.

- ☐ 쓰기 유창성이 확보되기 전에는 '낱말 불리기 수첩'을 활용해 문자 구성 부담을 줄인다.

- ☐ 쓰기 유창성이 확보된 뒤에는 글을 쓰는 이유와 필요성을 설명하며 동기와 목표를 협상한다.

- ☐ 글쓰기 경험은 부모의 피드백(독자로서 반응)이 매우 중요함을 알고 있다.

- ☐ 글씨 쓰기에 부담을 느끼는 아이는 자판 입력으로 전환할 수 있음을 이해한다.

☐ 초등학교 1학년 때 마침표, 쉼표, 물음표, 느낌표, 따옴표를 배운다는 사실을 알고 있다.

☐ 배운다고 바로 쓰지 못하는 것도 정상 발달 과정임을 이해한다.

☐ 마침표부터 하나씩 사용하도록 단계적으로 지도한다.

☐ 쉼표는 나열 구조처럼 실제 쓰기 맥락에서 자연스럽게 익히도록 한다.

☐ 물음표와 느낌표는 읽기에서 찾기→쓰기 적용 순으로 배운다.

일기 쓰기 기준

☐ 1학년 그림일기의 기본 구성(세 문장＝사실 두 문장＋느낌 한 문장)을 알고 있다.

☐ 쓰기 유창성은 개인에 따라 편차가 크다는 점을 이해한다.

☐ 3~4학년은 다섯 문장 이상, 5~6학년은 열 문장 이상을 적절한 기준으로 삼는다.

☐ 문장 수보다 인과관계가 드러나는 문장 구성이 중요함을 알고 있다.

☐ '쓰기 폭발' 현상도 정상 발달 과정으로 이해한다.

☐ '참 재미있었다.'를 반복하는 것이 초기 쓰기 발달 과정의 자연스러운 현상임을 이해한다.

☐ 결과만 말하는 문장에서 '왜?'를 연결하는 문장구조(왜냐하면~)를 점진적으로 지도한다.

☐ 다양한 감정 표현은 일상 대화 모델링을 통해 확장할 수 있음을 알고 있다.

☐ 경험의 의미화가 표현력과 문장력의 핵심 기반임을 이해한다.

☐ 베껴 쓰기 자체는 문제가 아니며, 목적과 상황에 따라 효과가 달라짐을 이해한다.

☐ 자발적 의지가 있을 때 글자 모양 교정에 도움이 된다.

☐ 글씨 쓰기는 공간지각 능력, 구성 능력, 예측 능력과 연결된다는 점을 알고 있다.

☐ 다양한 글자체를 보여 주고, 원리 이해 → 따라 쓰기 방식이 효과적임을 이해한다.

☐ 따라 쓰기는 문장력이 직접 향상되는 활동이 아님을 알고 있다.

☐ 문장력 향상은 말하기와 어휘력, 배경지식이 더 큰 영향을 미친다.

☐ 의미 있는 문장을 스스로 따라 쓰고 읽어 보면 보조적 도움이 될 수 있다.

☐ 글씨 쓰기보다 자판 입력이 글쓰기에 효율적일 수 있음을 알고 있다.

☐ 문장력은 자기 생각을 말과 글로 표현하는 반복 경험 속에 성장한다.

4

도구적 문해력

교과서 · 수학 · 스마트폰 문제,
왜 이렇게 어려울까요?

수학 문제 지문이
이해가 안 된대요

기본적으로 문해력이 부족하기 때문입니다. 다만 어떤 문해력이 부족한가에 따라 원인이 다르고, 원인이 다르면 해결 방법도 달라지므로 이를 정확히 파악하는 것이 중요해요.

첫째, 초기 문해력 단계라 글자 읽기에 집중한 나머지 지문 내용을 파악할 여력이 없는 경우입니다. 작업 기억이 '글자 해독'에 사용돼 내용을 이해할 공간이 없는 상황이지요. 이때는 읽기 유창성을 확보하는 것이 우선입니다. 수학 문제의 긴 지문을 억지로 읽기보다 재미있는 이야기 글을 읽으며 문자 읽기 부담을

불안을 잠재우는 문해력 상담소

줄여야 합니다. 읽기 유창성이 확보되기까지 어른이 문제 지문을 읽어 주어, 아이가 내용을 이해하는 데 작업 기억을 쓸 수 있게 도와줍니다.

둘째, 읽기 유창성은 확보되었으나 '수학 문제 형식'이 익숙지 않은 경우입니다. 문제는 잘 읽지만, 지문 속 여러 가지 조건(정보)을 어떻게 다뤄야 하는지 배운 적이 없어서 어려움을 겪는 상황이지요. 이때는 문제를 끊어 읽으며 핵심 정보에 동그라미를 치거나 밑줄을 긋도록 안내합니다. 문제를 소리 내어 읽기도 이해에 도움이 됩니다. 같은 유형 문제를 여러 번 소리 내어 읽으며 연습하면 비슷한 형식에서 조건을 찾는 방식이 익숙해집니다. 이해를 기반으로 연습하지 않으면 암기식 문제 풀이로 흐르는 부작용이 생길 수 있으니 주의해야 합니다.

셋째, 문해력은 어느 정도 갖췄으나 수학적 이해력이 부족해서 문제를 해결하기 어려운 경우입니다. 이때는 일상에서 수 관련 대화와 놀이를 늘리고, 그림이나 구체물 등을 활용해 시각적으로 개념을 확인하도록 하는 것이 효과적이에요. 덧셈, 뺄셈, 분수, 나눗셈, 도형 등을 다룰 수 있는 초등학교 수학 교구를 활용하는 방법도 좋습니다. 단순한 문제 풀이 프로그램보다 게임 기반 디지털 학습 도구를 활용하면 도움이 됩니다.

수리력과 문해력, 뭐가 다른가요?

　수리력(numeracy)은 수학적 개념을 이해하고 논리적으로 사고하며 문제를 해결하는 능력입니다. 단순 연산뿐 아니라 반복되는 패턴을 발견하고 논리적 추론으로 해결 방법을 찾는 능력까지 포함해요. 문해력은 글을 읽고 이해하며 분석하고 비판적으로 점검하는 능력이지요. 글자 읽기를 넘어 의미를 파악하고, 제공된 정보와 배경지식을 활용해 생각을 논리적으로 표현하는 능력까지 포함합니다.

　문해력과 수리력은 다르지만, 밀접한 상호 보완적 관계 속에 발달해요. 수학 문제를 해결하려면 지문에 제시된 조건(정보)을 이해하고 분석하는 문해력이 필요하고, 수학적 개념을 이해하거나 설명하기 위해서는 정확한 언어 표현력이 필요합니다. 통계자료나 그래프를 해석하는 데도 문해력과 수리력이 모두 동원됩니다.

첫째, 문제를 해결할 때 기본적으로 문해력이 필요합니다. 수학 문제를 풀기 위해서는 문제를 정확히 읽고 이해해야 하니까요. 예를 들어 "철수는 사과를 4개 가지고 있고, 영희는 철수보다 사과를 2개 더 많이 갖고 있다."라는 지문을 읽고 내용을 이해하는 것이 문해력입니다. 그다음 4+2=6이라는 연산을 적용하는 과정이 수리력이죠.

둘째, 수리력과 문해력 모두 논리적 사고가 바탕이 됩니다. 글의 의미를 파악하거나 내가 쓰고자 하는 내용을 조직하는 과정은 논리적 사고를 요구합니다. 3+2=5라는 수식이 "3 더하기 2는 5와 같습니다."라는 문장을 간단히 표현한 것임을 이해해야 하며, 수식과 개념의 관계를 분석하는 능력도 논리적 사고와 연결됩니다.

셋째, 수리력과 문해력 모두 추론이 필요합니다. 문해력 발달에서 추론적 읽기(맥락적 읽기)는 초등학교 고학년 이상에서 필수 기능입니다. 수학에서 숨겨진 조건을 찾고 이를 논리적으로 정리해 문제를 해결하는 과정이 추론이에요. 고급 수학으로 갈 수록 추상적 개념과 복잡한 문제를 해결하기 위해 추론의 비중이 커집니다.

불안을 잠재우는 문해력 상담소

문제를 두 번 읽어야
이해한다는데 괜찮을까요?

꼭 두 번씩 읽으라고 하면 됩니다. 한 번 읽으면 틀리고 두 번 읽으면 이해하는 것이 잘못은 아닙니다. 다그치지 말고 당연한 일이라고 여겨 주세요. 유사한 문제를 여러 번 풀면 한 번 읽어도 바로 풀 수 있습니다. 두 번 읽어도 이해하기 어려우면 소리 내어 읽어 보라고 하세요. ▶[참고: ㉟ 수학 문제 지문이 이해가 안 된대요] 교실에서 소리 낼 수 없는 상황이라면 입 모양으로 읽게 해도 도움이 됩니다.

이 경우 문제를 읽는 전략을 가르쳐야 합니다. 첫째, 핵심 정보 (조건)를 찾는 연습을 도와주세요. 문제를 읽으면서 중요한 숫자나

조건, 질문에 밑줄을 긋거나 동그라미를 치는 활동입니다.

철수는 사과를 4개 가지고 있고, 영희는 철수보다 사과를 2개 더 많이 갖고 있다. 영희는 사과를 몇 개 가지고 있을까?

위 문제에서 표시해야 할 부분은 '철수, 4, 영희, 2, 더 많이'입니다. 이런 전략을 알려 주고 유사한 문제를 스스로 풀어 볼 기회를 제공하면 됩니다.

둘째, 문제 유형에 따라 읽기 전략이 달라진다는 점을 알려 주세요. 단순 연산 문제는 숫자와 연산기호를 정확히 보도록 지도합니다. 덧셈인데 뺄셈으로 계산하거나, 나눗셈인데 덧셈으로 계산하는 아이가 의외로 많습니다. 서술형 문제는 '무엇을 찾아야 하는지' 살피고, 필요한 정보를 찾는 법을 알려 줘야 합니다. 기본은 학년에 맞는 문해력과 연산 개념, 원리 이해입니다.

셋째, 고학년이라면 복잡한 문제를 스스로 정리하는 연습이 도움이 됩니다. 우선 문제를 자신의 말로 다시 설명해 보게 합니다. "이 문제를 네가 이해한 대로 다시 말해 볼래?" 하고 물어보면 문

  불안을 잠재우는 문해력 상담소

제 이해 수준을 확인할 수 있습니다. 다음과 같이 조건을 정리하는 방법도 효과적입니다.

집에서 학교까지 가는 데 시속 3km로 걸으면 40분이 걸립니다. 25분 만에 도착하려면 시속 몇 km로 걸어야 합니까?

1단계. 주어진 조건으로 거리 구하기

집 → 학교

시속 3km, 시간 40분, 집에서 학교까지 거리는?

거리 = 속력 × 시간 = $3 \times \frac{40}{60} = 2km$

2단계. 거리와 시간으로 속력 구하기

거리 2km, 시간 25분

속력 = 거리 ÷ 시간 = $2 \div \frac{25}{60} = 2 \times \frac{60}{25} = 4.8\,km$

　고학년이 되어 수학 문제의 조건과 수식이 복잡해질수록 '두 번 읽기'가 필요합니다. 처음 읽을 때 놓친 정보를 두 번째 읽으면서 확인하는 것은 나쁜 습관이 아니에요. 문제를 풀다가 안 되면 다시 읽어 보는 태도가 바람직합니다.

문해력 문제집,
사 줘도 될까요?

문해력 문제집은 활용하는 방법에 따라 도움이 되기도 하고, 오히려 문해력 학습에 정서적 장애 요인이 되기도 합니다. 아이의 문해력 발달 과정을 점검하기 위해 가끔 문해력 문제집으로 진단하는 것은 도움이 됩니다. 그러나 문제집을 매일 몇 쪽씩 풀게 하는 방식은 자연스러운 읽기와 쓰기 상황에서 길러야 할 긍정적 정서를 '억지 문제 풀기'로 대체하기 쉬워요. 그 결과 읽기와 쓰기 학습에 부정적인 정서가 생겨 이후 학습을 어렵게 만들 수도 있습니다.

문해력 문제집은 읽기 기능 중에 일부 기능을 집중해서 연습하는

불안을 잠재우는 문해력 상담소

데 유용합니다. 예를 들어 초등학교 3학년 때 배우는 문단의 중심 문장 찾기, 글의 주요 내용 요약하기 같은 기능을 익히는 데 도움이 되지요. 일상적인 책 읽기에서는 접하기 어려운 다양한 문제를 경험하면서 문제 해결력도 기를 수 있습니다.

문해력은 문제 풀이만으로 향상되지 않는다는 점이 중요해요. 단순히 문제를 많이 푼다고 해서 채워지지 않는 부분이 있습니다. 다양한 글을 읽으며 배경지식을 쌓고, 정서적 교감과 공감을 경험하며, 자기 생각을 정리하고 세계관을 형성하는 과정에서 맥락적 읽기와 비판적 읽기가 가능해집니다.

따라서 초등학교 3학년 이상이라면 아이의 문해력 단계에 맞는 문제집을 주 1회 정도, 다양한 문제 유형을 번갈아 푸는 방식으로 활용할 것을 권합니다. 아이가 자율적으로 하는 독서 시간을 빼앗는다면 이 역시 유보하는 것이 좋습니다.

교과서 문장을 읽고
이해를 못 해요

문해력과 직접 연결된 국어 교과나 수리력과 연결된 수학 교과 지문 관련 내용은 앞에 다뤘으니 여기서는 사회, 과학, 실과, 도덕 등 교과서를 전제로 답을 드립니다. 글을 읽고 내용을 이해하지 못하는 원인은 다양해요. 따라서 문해력을 구성하는 여러 가지 요인 중 어떤 부분이 원인인지 파악해야 합니다.

첫째, 내용에 대한 배경지식이 부족한 경우입니다. 교과서 지문 속 전반적 맥락(상식) 이해가 부족하거나, 모르는 단어가 많아 맥락을 잡기 어려운 것이지요. 배경지식은 단기간에 만들어지지 않기 때문에 시간이 필요합니다. 그럼에도 교과서 지문은 기

불안을 잠재우는 문해력 상담소

본적으로 알아야 할 내용을 압축한 것이므로 이해하게 도와줘야 해요.

먼저 모르는 단어에 동그라미를 그리라고 합니다. 동그라미가 다섯 개 미만이면 뜻을 유추해 보게 하고, 다섯 개 이상이면 낱말의 의미를 검색해 보게 하세요. 의미를 확인한 뒤 다시 지문을 읽고, 그래도 이해되지 않으면 지문의 배경지식을 찾아보게 합니다. 역사(한국사)는 전후 맥락이 중요하고, 과학은 사전 개념과 사전 지식이 필수입니다. 관련 영상을 보고 주요 내용을 정리하는 방법도 좋아요.

둘째, 설명문과 논설문 형식에 대한 이해가 부족한 경우입니다. 설명문은 중요한 내용을 요약·정리하는 능력이 필요하고, 논설문은 글쓴이의 주장과 그 이유를 파악하고 내 생각을 정리하는 능력이 필요해요. 주로 문학 텍스트만 읽었거나 평소 글 읽기를 즐기지 않은 아이는 교과서 지문이 낯설 수 있습니다. 이때는 아이가 관심 있어 하는 소재를 다룬 설명문이나 정보 글부터 읽어 보게 안내합니다.

셋째, 무엇을 주목해서 읽어야 하는지 모르는 경우입니다. 배경지식이 부족하고 글의 형식을 이해하지 못하니, 글자는 읽는데 내용을 이해하기 어려울 수밖에 없지요. 이때는 기초 문해력(사실 이해 읽기) 수준부터 천천히 접근해야 합니다. 아이에게 배경지식이 있는 소재로 쓴 설명문을 읽으며 주요 내용을 요약하는 연습부터 하면 도움이 됩니다.

아이의 현재 상태를 정확히 진단하는 것이 무엇보다 중요합니다. 그리고 아이가 좋아하고 관심 있는 소재에서 출발해 수준을 점점 높여야지요. 초등학교 6학년이라도 기능적 문해력이 충분히 발달하지 않았다면, 3~4학년 수준 글부터 시작하는 것이 필요합니다. 기초가 탄탄해야 다음 단계로 넘어갈 수 있기 때문입니다.

예를 들어 3~4학년 수준 문학 텍스트와 사회·과학 교과서를 읽고 줄거리 말하기, 중요한 내용을 한두 줄로 기록하기 같은 활동을 시켜 보세요. 이후 필요한 기본 내용을 충분히 익히고, 5~6학년 수준 지문으로 서서히 이동하면서 성취감을 맛볼 수 있게 도와주세요.

우리 아이는 책 읽기를
너무 싫어해요

책 읽기를 싫어하는 아이도 어른이 책을 읽어 주는 시간은 좋아합니다. 책을 읽어 주고, 그 내용이나 경험에 관해 이야기 나누는 시간은 문해력과 정서 발달에 도움이 됩니다. 책 읽어 주기는 어른이 읽어 주기, 함께 읽기, 읽기 후 활동 같이하기 등 여러 가지 방식이 있으니 아이 상황과 조건에 따라 조금씩 바꿔 주세요.

아이가 초기 문해력(한글 해득) 단계라면 글밥이 적은 그림책 중심으로 '읽어 주기'를 권합니다. 문자에 자연스럽게 친숙해지는 것이 우선이기 때문입니다. 관심 있는 분야의 책, 아이가 고른 그림책을 읽어 주세요. 읽어 주는 과정에서 아이가 아는 글자가 나오면 그 부분을 읽어 보라고 해서 '글자는 읽는 것'이라는 개념을 경험하게 할 수 있습니다. 이렇게 읽는 글자가 점점 늘다가 읽기 유창성 단계로 넘어갑니다.

읽기 유창성 단계에 진입해야 하는 시기라면, 함께 읽기와 번갈아 읽기를 활용해 보세요. 이때 다음과 같은 방법을 적용할 수 있습니다.

① **한 문장씩 번갈아 읽기**

마침표와 물음표, 느낌표로 끝나는 문장이 문장의 단위임을 자연스럽게 알 수 있습니다.

② **큰따옴표가 있는 대사와 설명 나눠 읽기**

큰따옴표는 등장인물의 말을 나타내므로 성격에 맞게 읽으며 소리 내어 읽기의 재미를 느낄 수 있습니다.

③ **문장부호에 따라 읽기**

읽기 전에 눈으로 문장 끝의 문장부호를 확인하기 때문에 눈동자 이동을 연습하는 데 도움이 됩니다.

   불안을 잠재우는 문해력 상담소

④ 한 쪽씩 번갈아 읽기

긴 호흡으로 읽으며 읽기 유창성이 얼마나 나아졌는지 자연스럽게 확인할 수 있습니다.

아이가 더듬더듬 읽어도 기다려 주세요. 어느 정도 자신감이 생기면 번갈아 읽던 책을 혼자 소리 내어 읽게 합니다. 녹음해서 함께 들어 보면 아이도 변화와 성취를 확인할 수 있습니다.

읽기 독립을 위한 징검다리로 '가족 낭독회' 같은 이벤트를 마련해 보세요. 엄마와 아빠, 아이가 좋아하는 책을 한 권씩 고르고, 능숙하게 읽을 때까지 연습한 뒤 약속한 날 서로 읽어 주세요. 영상 촬영이나 녹음으로 기록을 남기고, 정기 낭독회를 열거나 가족 모임에서 이벤트로 활용해도 좋습니다.

이런 경험이 '누군가를 위한 책 읽기'에서 '나를 위한 책 읽기'로 넘어가게 합니다. 아이가 읽고 싶은 책을 마음껏 고르게 하고, 읽고 싶은 마음이 생기도록 환경을 만들어 주세요. 독서 교육에서는 이런 마음을 만들기가 가장 어렵기 때문에 책과 자연스럽게 만나는 일상의 독서 환경이 무엇보다 중요합니다.

만화책만 읽어도
괜찮을까요?

아이가 만화책만 읽으려 할 때, 변화가 필요한 경우와 일시적으로 용인해도 되는 경우가 있습니다. 문해력 발달단계, 나이, 내용, 읽기 유창성 확보 여부에 따라 판단이 달라집니다.

취학 전에 글자로 가득한 책을 고집하는 아이도 있어요. 읽기와 이해가 어렵지만 어른을 모방하는 심리 때문입니다. 이런 경우 인정하고 시도하게 두세요. 그러다 조금 자라면 만화책만 읽으려고 해서 부모 속을 태우지요. 만화책이 나쁜 게 아니고, 만화책만 읽으려는 것이 잘못도 아닙니다. 핵심은 만화책만 고집하지 않도록 중간 단계를 잡아 주는 거예요.

불안을 잠재우는 문해력 상담소

그림책은 글자보다 그림에 많은 이야기를 담아, 글자를 읽지 못해도 '그림을 읽으며' 책을 볼 수 있습니다. 한글 읽기가 능숙하지 않은 아이가 만화책을 읽는 경우도 비슷합니다. 글보다 그림으로 내용을 해석할 가능성이 높지요.

문제는 읽기 유창성이 확보되지 않은 상태에서 그림 중심 읽기가 지속되는 경우입니다. 취학 전이라면 용인할 수 있지만, 1학년이 될 때까지 그림만 읽으려 한다면 주의 깊게 봐야 합니다. 적정기를 놓치면 문자를 회피하거나 문자 자극을 무시하는 습관으로 이어질 수 있으니까요. 따라서 만화책이 나쁘진 않지만, 읽기 유창성이 확보되기 전이라면 만화책 중심 읽기는 피하는 것이 좋습니다. 앞에 언급한 '번갈아 읽기', '소리 내어 읽기'로 문자 읽기를 안정적으로 확보하세요.

읽기 유창성이 확보된 다음에는 읽는 목적에 맞는 책을 골라야 합니다. 학교 과제를 할 때나 가정에서는 학년에 맞는 권장 도서를 읽고, 이외 시간에 독서할 때는 아이 스스로 선택하게 합니다. 만화책만 고른다고 무조건 금지하지 말고 "만화책 한 권 읽었으니 글 책도 한 권 읽어 볼까?"처럼 균형 잡기를 권하세요.

요즘 학습 만화의 흡입력이 워낙 강해서 현실적으로 쉽지 않습니다. 그렇다고 만화책을 전면 금지할 수도 없지요. 아이 성향에 맞게 대화하며 접근해야 합니다. 만화책으로도 배경지식과 어휘를 확장할 수 있습니다. 아이가 만화책을 계속 고집하면 학년 교육과정과 관련된 정보 만화를 추천해 보세요. 학습 만화는 읽고 내용 요약하기, 중요한 낱말 찾기 같은 읽기 전략을 적용하고, 이야기 중심 만화는 줄거리 요약이나 감상 쓰기로 독후 활동을 유도할 수 있습니다.

사실 이해 읽기가 가능한 수준이라면 만화책으로도 충분히 읽기 능력을 기를 수 있어요. 다만 줄글 중심 책을 읽는 '이행 단계'가 필요합니다. 이 집중력이 초등학생 때 형성되지 않으면 중·고등학교 학습에서 어려움을 겪을 수 있습니다.

그림책에서 글 많은 책으로 어떻게 넘어가요?

10여 년 전만 해도 우리나라 어린이 책이 다양하지 않았습니다. 현재는 작가층이 넓어지고 새로운 시도로 읽기 발달단계에 따라 다양한 책이 출판됩니다. 그림책에서 글밥이 많은 책으로 넘어가는 과정을 돕는 1~2학년 대상 도서도 풍부해졌어요.

그림이 포함된 이야기책을 징검다리 삼아 자연스럽게 글밥 많은 책으로 넘어가는 방법이 가장 좋습니다. 초등학교 1~2학년에게는 그림책보다 글자가 많고 두세 쪽마다 그림이 나오는 책, 혹은 '핀두스 시리즈'처럼 글밥이 상당한 그림책을 권합니다. 아이의 흥미가 무엇보다 중요해요.

그림이 적절히 포함된 책은 글자가 많아 보이는 부담을 줄이고, 그림으로 내용을 추측하는 데 도움이 됩니다. 초기에는 어른이 읽어 주거나 번갈아 읽기를 활용해 심리적 부담을 줄일 수 있습니다.

글밥 많은 책에 안착하면 아이가 좋아하는 작가의 다른 책이나 소재가 비슷한 이야기책으로 확장해 보세요. 그리고 점차 글이 더 많은 책으로 옮겨 갑니다. ① 글이 적고 그림이 많은 책에서 ② 글이 많고 그림이 적은 책으로 ③ 글이 대부분인 책으로 차근차근 진행합니다.

이런 흐름이 이상적이지만 반드시 순차적으로 진행할 필요는 없습니다. 한 단계 갔다가 돌아오는 지그재그 방식도 괜찮아요. 긴 독서 여정을 돌아보면 자연스럽게 그림이 거의 없는 책으로 이동해 온 것을 확인할 수 있습니다.

1학년 때 읽은 그림책을 6학년이 되어 다시 보면 새롭게 눈에 띄는 부분이 생기기도 합니다. 1학년 때 그림 없는 책을 고집하며 이해 못 하던 아이가 5학년이 되어 즐겁게 읽는 예도 많아요. 그림책에서 글밥 많은 책으로 이동하는 과정은 학교 교육 과정에 맞춰 준비하면 됩니다.

1학년 때 '매일 10분 소리 내어 책 읽기'가 습관이 되었다면,

3학년에는 '매일 10분 읽고 싶은 책 읽기', 5학년에는 '매일 10분 집중해서 읽기'로 바꾸며 꾸준히 읽을 수 있는 환경을 만들어 주세요. 아이가 책을 읽는 10분 동안 가족 모두 스마트폰을 끄고 함께 책을 읽으면 더 좋은 독서 환경이 됩니다.

잘 이해 못 했는데
그냥 넘어가요

모든 글을 완벽하게 이해하기는 불가능합니다. 언어의 특성상 오해와 오독이 언제든 생길 수 있기 때문입니다. 과거에는 글을 읽고 '저자의 의도'를 정확히 파악하는 것이 중요하다고 여겨졌지만, 30여 년 전부터 독자가 글에서 어떤 의미를 형성하는지 중시하는 '반응 중심 읽기'가 확산하였습니다. 글이 독자의 세계에서 만드는 울림이 중요하다는 뜻이에요.

따라서 글을 읽다가 이해하지 못한 부분이 있어도 바로 넘어가는 습관이 반드시 나쁘다고 할 순 없습니다. 처음에 이해가 되지 않더라도 글을 더 읽어 나가며 맥락이 잡히는 경우가 흔

하니까요. 다만 내용을 이해하지 못한 상태에서 글자만 소리 내어 읽고 지나가는 것은 '독서'라기보다 '글자 읽기' 수준으로 봐야 합니다. ▶ [참고: ⑯ 읽기 유창성에서 막히면 어떻게 하나요? ⑰ 사실은 이해하는데 추론을 못 해요]

초등학생 읽기에서 중요한 것은 '읽는 목적에 맞게 스스로 점검하며 읽는가' 하는 점입니다. 1~2학년은 읽기 유창성을 키우는 단계로, 이야기책을 많이 읽으며 책 읽기의 즐거움을 경험하고 배경지식을 쌓는 게 핵심이에요. 재미있게 읽기가 목적이라는 말입니다.

3~4학년이 되면 이야기책에서 설명문과 논설문, 기행문 등으로 확장하며, 주어진 과제에 맞게 읽는 연습이 필요합니다. 예를 들어 조사 과제에서 관련 정보를 찾아 읽고 정리하는 기본적인 기능을 익히는 과정입니다. 즉 문제 해결을 위한 읽기를 배우는 시기죠.

5~6학년은 더 능동적으로 다양한 읽기 전략을 활용하는 단계입니다. 모든 글을 꼼꼼히 읽을 필요는 없으며, 필요한 정보를 찾기 위한 읽기에서는 속독이 가능하다는 것, 과제에 따라 읽는 방법이 달라진다는 것을 배웁니다. 중요한 내용을 기억하기 위해 밑줄 긋기나 요약하기처럼 읽기 전략을 활용하는 연습도 포함됩니다.

읽은 내용을 바로
잊어버려요

모든 사람은 읽은 내용을 쉽게 잊습니다. 의식적으로 기억하려고 노력하거나 따로 정리하는 과정을 거치지 않으면 기억은 사라지게 마련이에요. 어른은 기억력이 떨어져도 그동안 쌓인 지식으로 연결하며 살아갑니다. 반면 아이들은 언어 발달과 함께 기억력이 급격히 향상됩니다. 어휘력이 풍부한 아이일수록 기억력도 좋아요.

새로운 단어를 접한 뒤 그 단어를 자주 사용하면 뇌가 장기 기억에 저장합니다. 저장할 때는 기존 어휘와 연결하기 때문에 '연관 검색어'처럼 여러 가지 의미망이 형성되고요. 저장된 어휘가 많을수록 새로운 어휘가 빠르게 늘어나는 까닭입니다. 예를 들어 '독서'라는 단어를 배운 아이는 이를 책, 도서관, 글자, 공부, 학교, 엄마 등과 연결해 기억합니다. 그래서 '독서'라고 하면 어떤 아이는 '엄마 잔소리'를 떠올리고, 어떤 아이는 '도서관'을 떠올리지요. 책과 관련된 경험이 부족한 아이는 떠올릴 단서가 없어서 금방 잊어버립니다.

어휘력은 기억을 정리하고 체계화하는 역할도 합니다. 관련된 말을 많이 아는(어휘가 풍부한) 아이는 뇌에서 단어가 나무처럼 의미망을 이뤄, 낯선 단어를 봐도 맥락으로 의미를 추측하기 쉬워요. 따라서 어휘력을 늘리려면 적절한 맥락에서 단어를 자주 사용하게 하는 것이 중요합니다. 많이 사용할수록 장기 기억에 저장되고, 저장된 어휘가 많을수록 새로운 어휘도 잘 기억하기 때문입니다.

아이가 읽은 내용을 바로 잊는다고 할 때, 먼저 그 상황이 어떻게 나타나는지 살펴야 합니다. 아이의 나이, 책의 난도, 잊는 내용에 따라 판단이 달라집니다. 예를 들어 3~5세 아이에게 줄거리를 말해 보라는 건 지나친 요구입니다. 이 시기엔 인상적인 한두 장면만 기억해도 충분해요. 『똑똑해지는 약』을 읽고 "메메가 칠칠이한테 준 '똑똑해지는 약'이 뭐였을까?", "네가 칠칠이라면 어떻게 했을 것 같아?” 정도로 질문하면 적절합니다. 그 이야기를 가지고 아빠를 위해 ‘똑똑해지는 약’을 만들어 보는 활동으로 연결해도 좋습니다. 콩자반 같은 음식을 만들면서 말이죠.

1~2학년이라면 사건 순서를 따라가는 간단한 질문이 적당합니다. 예를 들어 “메메 친구 칠면조 이름이 뭐지?”, “칠칠이가 ‘똥’이 뭐냐고 물었을 때 메메가 뭐라고 했지?” 같은 질문으로 확인할 수 있어요. 3~4학년은 내용을 이해하고 줄거리를 말할 수 있어야 합니다.

이렇게 아이가 읽은 내용을 잊는다고 걱정하기보다, 나이와 발달 수준에서 어느 정도 기억하면 적절한지 살펴보는 것이 중요해요. 읽기 유창성이 충분하지 않은 경우, 글자를 읽는 데 작업 기억을 모두 사용해서 내용을 이해할 여력이 없을 수 있습니다. 이때는 한 번 더 소리 내어 읽게 하거나 어른이 읽어 주면서 내용 이해에 작업 기억을 충분히 사용하도록 도와주세요. 그런 뒤 내용을 질문하면 아이 상태를 더 정확하게 파악할 수 있습니다.

스마트폰을 써도
독서 습관이 유지될까요?

그런 방법은 없습니다. 다만 '스마트폰을 갖고 있다'는 의미가 무엇인지 분명히 해야 합니다. 아이가 자기 소유 스마트폰을 항상 들고 다니고 없으면 불안해하는지, 필요할 때만 사용하는지, 사용 시간을 정해 두는지에 따라 상황이 크게 달라집니다. 물론 스마트폰 사용 시간을 정해 두고 관리하는 것이 가장 바람직하죠.

집중력 관련 연구에 따르면, 스마트폰을 책상 위에 두기만 해도 집중력이 떨어진다고 합니다. 전원을 꺼서 가방에 보관할 때와 눈앞에 두었을 때 인지 수행 능력에 큰 차이가 있다는 연구 결과도 있습니다. 원인은 간단합니다. 스마트폰이 눈에 보이는 것만으로도 작업 기억 일부를 점유해 과업에 온전히 집중할 수 없기 때문입니다. 이런 현상은 스마트폰 의존성이 높을수록 심하게 나타납니다.

그렇다면 어떻게 해야 할까요? 스마트폰 사용을 금지하는 것으로 문제를 해결할 수 없습니다. 아이에게 스마트폰을 주는 시기를 가능한 한 늦추되, 강요보다 대화로 합의하는 과정이 중요합니다. "반 친구들은 다 있는데 나만 없어서 힘들다."라고 말하는 아이에게 스마트폰의 장단점을 이야기하며 함께 답을 찾아 가는 것입니다. 어떤 아이는 "지금 당장 갖고 싶다." 하고, 어떤 아이는 "3학년쯤 갖고 싶다." 할 수도 있습니다. 요구를 들어주었다면 그에 맞는 조건에 합의해야 합니다. 바로 '스마트폰 거리 두기 시간'이지요.

스마트폰을 소지한 아이에게는 책을 읽는 시간이나 학습 시간처럼 집중이 필요할 때는 전원을 끄고 눈에 보이지 않는 곳에 두는 것을 원칙으로 삼습니다. 이 방법으로 효과를 보기 위해서는 가족 전체, 학급 전체가 함께 실천하는 것이 좋아요. 하루 10분이라도 스마트폰의 방해를 받지 않고 책 읽는 환경을 만들어 주는 것이 필요합니다. 이때는 양보다 질이 중요해요.

스마트폰을 처음 갖게 될 때는 '하루 한 시간 사용하기'처럼 제한을 두고 시작하는 것이 좋습니다. 이때 제한은 스마트폰을 갖고 다니게 하면서 제어하는 것이 아니라, 정해진 시간에만 스마트폰 사용을 허락하는 것입니다. 스마트폰이 손에 있으면 계속 사용하고 싶기 때문에, 들고 다니게 하면서 시간만 제한하는 건 큰 의미가 없습니다.

시간이 지나면 아이는 한 시간에 만족하지 못하고 더 많은 시간을 요구하거나, 학교에도 가져가고 싶어 할 것입니다. 이 단계라면 '하루 한 시간 거리 두기'와 '밤 9시 이후 사용 금지' 정도로 합의를 시도할 수 있어요. 스마트폰을 처음 갖게 되면 한 시간 정도는 비교적 쉽게 합의됩니다. 다만 원칙을 지키기가 어렵다는 점을 기억해야 합니다. 초등학교 고학년만 되어도 중고폰 거래 앱으로 부모 몰래 구입하는 경우가 있습니다. 스마트폰 사용은 부모에게도 긴 싸움이며, 이기기 위해서는 부모의 솔선수범이 가장 중요합니다.

스마트폰을 소지한 아이라면 '10분 거리 두기'부터 시작합니다. 하루 10분 거리 두기가 익숙해지면 15분, 20분, 30분으로 늘릴 수 있습니다. 스마트폰 없이 무언가에 집중하는 경험을 하면 아이는 '몰입의 즐거움'을 느끼게 됩니다.

스마트폰의 위력은 어른에게 더 강력할 때가 많습니다. 어른도 통제하기 어려운 것을 아이에게만 강요해선 안 됩니다. 아이든 어른이든 '스스로 충분히 조절할 수 있을 것'이라는 착각을 경계해야 합니다.

'읽는 뇌'라는 말,
무슨 뜻인가요?

읽는 뇌(reading brain)는 인간이 글을 읽을 때 뇌가 어떻게 작동하는지 설명하는 인지신경과학적 개념입니다. 비고츠키는 100년 전에 듣기와 말하기는 자연 발생적 언어활동이지만, 읽기와 쓰기는 의식적이고 의지적인 학습이 필요한 새로운 언어 활동이라고 말했습니다. 인지신경과학도 같은 결론에 이르죠. 인간의 뇌는 듣기와 말하기에 최적화된 상태로 태어나며, 문자 학습을 통해 후천적으로 읽기에 필요한 회로를 구축해 나갑니다. 이렇게 형성된 회로를 '읽는 뇌'라고 합니다.

읽는 뇌는 듣기와 말하기를 통해 형성된 소릿값과 의미 연결망에 글자 학습이 더해지면서 글자와 의미 연결망까지 확장되는 방식으로 만들어져요. 즉 문자를 읽고 의미를 이해하는 과정에서 뇌의 여러 영역이 동시에 활성화되며 기존 기능이 확장되고 재구조화됩니다. 글을 읽을 때 활성화되는 주요 뇌 영역을 간단히 정리하면 다음과 같습니다.

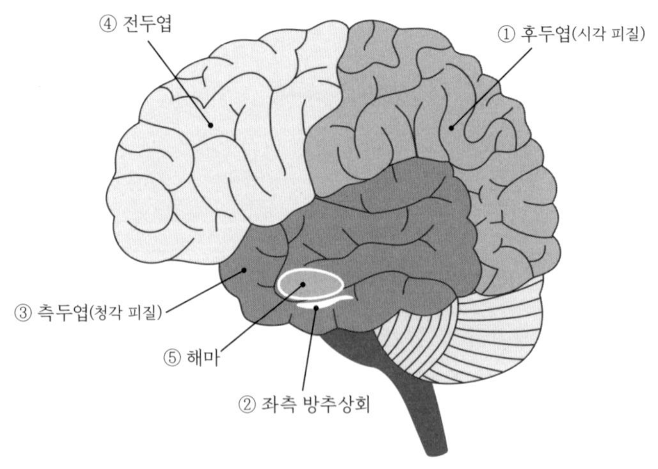

① 후두엽(시각 피질)
글자 인식과 형태 구분. 발생적 문해력 단계에서 말하는 시지각 식별 능력.

② 좌측 방추상회(VWFA)
글자 정보를 처리해 개별 글자를 단어 단위로 인식하고 저장.

　　　　　　　　　불안을 잠재우는 문해력 상담소

③ 측두엽(청각 피질)

읽은 단어의 (소리 없는) 소릿값과 의미를 연결해
문맥에서 이해하게 함.

④ 전두엽

언어 의미 해석, 발음 조절 등 복잡한 언어 처리와
주의 집중(작업 기억) 담당.

⑤ 해마

새로운 단어와 개념 기억, 학습에 관여.

읽기는 '눈으로 글자 확인→시각 정보 처리→소리와 의미 연결→문맥 속 의미 구성→기억 속 정보와 통합' 과정을 연속적으로 거치는 활동입니다. 이 모든 과정은 타고나는 능력이 아니라 학습을 통해 새롭게 만들어지는 회로의 결과죠. 아이는 읽기를 통해 새로운 신경망을 구축합니다. 얼마나 많이, 어떻게 읽었느냐에 따라 신경 회로의 복잡성이 크게 달라질 수 있습니다.

전문가 수준의 깊이 읽기가 가능하다는 것은 추론적 읽기, 공감하기, 비판적 읽기, 분석적 읽기 등 핵심 사고 과정이 활성화되었다는 뜻입니다. 그러나 이 수준에 이르기까지 시간과 꾸준한 노력이 필요해요. 터프츠대학교 독서와언어연구센터 소장을 지낸 매리언 울프(Maryanne Wolf)는 『다시, 어떻게 읽을 것인가』추천의 글에서 어렵게 형성한 읽는 뇌도 "한 번 만들어졌다고 영원한 선물은 아니"라고 강조합니다. 인간의 뇌는 가소성이 높아 어떤 매체로 읽느냐에 따라 회로가 다시 변할 수 있으며, 사용하지 않으면 약해진다는 것이지요.

결국 꾸준히 읽기가 중요합니다. 아이에게만 하루 10분 읽기를 요구하지 말고 어른도 함께 책을 읽으며 읽는 뇌를 계속 단련하고 유지하는 습관을 들이는 것이 좋습니다.

 불안을 잠재우는 문해력 상담소

수학 문제 지문 이해의 어려움

- ☐ 수학 문제를 읽고도 뜻을 파악하지 못하는 현상이 나타날 수 있음을 알고 있다.

- ☐ 읽기 유창성이 부족하면 문자 해독에 작업 기억을 모두 써서 내용을 이해하기 어려울 수 있음을 이해한다.

- ☐ 지문을 읽으며 조건(정보)에 주목하는 방법이 필요함을 알고 있다.

- ☐ 문제 형식에 익숙지 않아 정보를 처리하는 방법을 모르는 경우가 있음을 이해한다.

- ☐ 수학적 이해력이 부족해 지문을 이해하지 못하는 경우가 있다는 점도 고려한다.

한 번 읽으면 틀리고 두 번 읽으면 맞히는 아이

- ☐ 문제를 두 번 읽어야 이해되는 것은 자연스러운 현상임을 알고 있다.

- ☐ 소리 내어 읽기, 입 모양 읽기가 내용 이해를 돕는다는 점을 이해한다.

- [ ] 문제 속 핵심 단어와 숫자, 조건에 밑줄을 치거나 동그라미를 그리는 것이 도움이 된다.

- [ ] 문제 유형별로 읽기 전략이 달라진다는 점을 인식한다.

부모의 역할

- [ ] 읽기 유창성이 부족하면 어른이 지문을 읽어 주고 아이는 내용 이해에 집중하도록 돕는다.

- [ ] 문제를 끊어 읽기, 조건 표시 등 읽기 전략 습관을 함께 만든다.

- [ ] 유사한 문제를 여러 번 읽으며 문제 형식에 익숙해지도록 돕는다.

- [ ] 수학적 이해가 약한 경우 구체물, 그림, 교구 등 시각 자료를 활용한다.

문해력과 수리력의 관계 이해

- [ ] 문해력은 글 이해와 정보 활용, 논리적 표현 능력임을 알고 있다.

- [ ] 수리력은 수 개념과 패턴, 추론, 문제 해결 능력임을 알고 있다.

- [ ] 두 능력은 다르지만 문제 해결에서 긴밀하게 연결된다는 점을 이해한다.

- [ ] 수학 문제를 해결하는 첫 단계는 문해력을 기반으로 한 지문 이해임을 알고 있다.

- [ ] 숫자와 표, 그래프 해석에는 문해력과 수리력이 모두 필요함을 이해한다.

- [ ] 두 영역 모두 논리적 사고와 추론을 토대로 한다는 점을 알고 있다.

불안을 잠재우는 문해력 상담소

- [ ] 문해력 문제집은 매일 푸는 학습이 아니라 간헐적 진단 용도로 적합함을 알고 있다.

- [ ] 과도한 문제집 풀이 학습은 읽기와 쓰기에 부정적 정서를 만들 수 있음을 이해한다.

- [ ] 다양한 문제 유형을 경험하는 데는 보조적 도움이 될 수 있음을 알고 있다.

교과서 내용 이해 어려움

- [ ] 이해를 막는 원인이 배경지식 부족일 수 있음을 인식한다.

- [ ] 모르는 단어가 많으면 글의 맥락을 이해하기 어려울 수 있음을 이해한다.

- [ ] 설명문과 논설문 형식 이해 부족도 문제 해결을 어렵게 한다는 점을 알고 있다.

- [ ] 무엇을 중심으로 읽어야 하는지 모르는 상태에서는 사실 이해 읽기부터 접근해야 함을 알고 있다.

아이와 함께 할 일

- [ ] 모르는 단어가 다섯 개 이하면 맥락 유추, 그 이상이면 뜻 확인 후 다시 읽게 돕는다.

- [ ] 관련 영상과 사진, 사전 지식으로 배경지식을 보완하도록 돕는다.

☐ 수준 낮은 설명문부터 요약하는 연습으로 기초를 다지게 한다.

☐ 아이의 문해력 단계에 맞는 학년 수준 글부터 다시 시작하게 한다.

책 읽기 너무 싫어하는 아이

☐ 읽기보다 읽어 주기를 좋아하는 시기가 있음을 알고 있다.

☐ 초기 문해력 단계에서는 '글밥 적은 그림책＋읽어 주기'가 효과 적임을 이해한다.

☐ 읽기 유창성을 확보하기 전에는 '번갈아 읽기, 읽어 주기' 등 유 창성 보조 전략이 필요하다.

☐ 읽기 독립 전에는 '녹음 듣기, 가족 낭독회' 등 동기 강화 활동이 도움이 된다.

만화책 편독

☐ 만화책만 읽는 것이 반드시 나쁜 현상은 아님을 알고 있다.

☐ 읽기 유창성이 부족한 경우 만화는 그림 읽기로 흐를 위험이 있 음을 이해한다.

☐ 만화 자체를 금지하기보다 균형 잡힌 독서(편식 방지)를 목표로 한다.

☐ 학습 만화라면 '요약, 중요 단어 표시' 등 읽기 전략을 적용해 볼 수 있음을 안다.

☐ 그림책에서 글 많은 책으로 이동은 단계적이거나 지그재그임을 이해한다.

☐ '글 적고 그림 많은 책→글 많고 그림 적은 책→글 중심 책' 순으로 확장한다.

☐ 유창성이 부족하면 어른이 먼저 읽어 주고, 번갈아 읽기로 부담을 덜어 준다.

☐ '하루 10분 읽기' 습관은 학년이 올라가면서 목적 중심 읽기로 점진적 전환이 필요하다.

☐ 글을 완벽하게 이해하며 읽기는 불가능하다는 점을 알고 있다.

☐ 1~2학년은 즐거운 읽기 중심, 3~4학년은 과제 중심 읽기, 5~6학년은 전략적 읽기의 시기임을 이해한다.

☐ 중요한 부분에 밑줄 긋기, 요약 등 읽기 전략이 필요함을 알고 있다.

☐ 기억력은 어휘력과 배경지식의 영향이 크다는 점을 이해한다.

☐ 유창성이 부족하면 내용이 이해되지 않아 기억하지 못할 수 있다는 점을 알고 있다.

☐ 나이에 따라 기억해야 하는 수준이나 기억력의 정도가 다르다는 것을 알고 지나친 요구를 하지 않는다.

☐ 책 읽기 후 점검은 간단한 질문, 사건 순서 확인 정도로 한다.

스마트폰과 독서

☐ 스마트폰이 눈에 보이는 것만으로 작업 기억을 점유해 집중력이
떨어진다는 점을 알고 있다.

☐ 스마트폰 사용이 문제가 아니라 거리 두기 시간을 확보하는 것이
핵심임을 안다.

☐ 책 읽는 시간에는 스마트폰 전원을 끄고 물리적으로 보이지 않는
곳에 두는 것이 효과적임을 이해한다.

☐ 읽기 집중 시간은 10분부터 단계적으로 늘리는 방식이 적절함을
알고 있다.

'읽는 뇌' 이해하기

☐ 읽기는 타고난 능력이 아니라 후천적으로 형성되는 신경망이라
는 점을 이해한다.

☐ '소리-의미' 연결망에 '글자-의미' 연결망이 덧씌워져 읽는 뇌가
구축됨을 안다.

☐ 읽기는 시각·청각·언어·기억 영역이 동시에 작동하는 복합적 인
지 활동임을 이해한다.

☐ 깊이 읽기는 추론과 비판, 공감, 분석의 연속 과정이며 시간이 필
요함을 알고 있다.

☐ 읽는 뇌는 사용하지 않으면 약해질 수 있으므로 꾸준한 읽기 습
관이 핵심임을 이해한다.

불안을 잠재우는 문해력 상담소

부록은 교육부가 2022년 고시한 '국어과 교육과정(별책 5)'의 내용을 재구조화한 것입니다.
[부록 1]의 내용 체계는 학년군에 따라 듣기·말하기, 읽기, 쓰기 영역을 표 하나로 모았습니다.
[부록 2]의 성취 기준은 듣기·말하기, 읽기, 쓰기 영역으로 나눠 학년군에 따라 계열화했습니다.

초등학교부터 중학교까지 국어 교과 내용 체계

초등학교 1~2학년

범주	내용 요소					
	듣기·말하기		읽기		쓰기	
지식 / 이해	듣기·말하기 맥락	▶ 상황 맥락	읽기 맥락	없음	쓰기 맥락	없음
	담화 유형	▶ 대화 ▶ 발표	글의 유형	▶ 친숙한 화제의 글 ▶ 설명 대상과 주제가 명시적인 글 ▶ 생각이나 감정이 명시적으로 제시된 글	글의 유형	▶ 주변 소재를 소개하는 글 ▶ 겪은 일을 표현하는 글
과정 / 기능	내용 확인·추론·평가	▶ 집중하기 ▶ 중요한 내용 확인하기 ▶ 일이 일어난 순서 파악하기	읽기의 기초	▶ 글자·단어 읽기 ▶ 문장·짧은 글 소리 내어 읽기 ▶ 알맞게 띄어 읽기	쓰기의 기초	▶ 글자 쓰기 ▶ 단어 쓰기 ▶ 문장 쓰기
					계획 하기	없음

범주	내용 요소					
	듣기·말하기		읽기		쓰기	
과정 / 기능	내용 생성·조직·표현과 전달	▸ 경험과 배경 지식 활용하기 ▸ 일이 일어난 순서에 따라 조직하기 ▸ 바르고 고운 말로 표현하기 ▸ 바른 자세로 말하기	내용 확인과 추론	▸ 글의 중심 내용 확인하기 ▸ 인물의 마음이나 생각 짐작하기	내용 생성 하기	일상을 소재로 내용 생성하기
					내용 조직 하기	없음
					표현 하기	자유롭게 표현하기
					고쳐 쓰기	없음
	상호 작용	▸ 말 차례 지키기 ▸ 감정 나누기	평가와 창의	인물과 자신의 마음이나 생각 비교하기	공유 하기	쓴 글을 함께 읽고 반응하기
	점검과 조정	없음	점검과 조정	없음	점검과 조정	없음
가치 / 태도	가치·태도	듣기·말하기에 대한 흥미	가치·태도	읽기에 대한 흥미	가치·태도	쓰기에 대한 흥미

초등학교 3~4학년

범주	내용 요소					
	듣기·말하기		읽기		쓰기	
지식 / 이해	듣기·말하기 맥락	상황 맥락	읽기 맥락	상황 맥락	쓰기 맥락	상황 맥락

<table>
<tr><td rowspan="2">범주</td><td colspan="7">내용 요소</td></tr>
<tr><td colspan="2">듣기·말하기</td><td colspan="2">읽기</td><td colspan="2">쓰기</td></tr>
<tr>
<td rowspan="2">지식
/
이해</td>
<td rowspan="2">담화
유형</td>
<td rowspan="2">▸ 대화
▸ 발표
▸ 토의</td>
<td rowspan="2">글의
유형</td>
<td rowspan="2">▸ 친숙한 화제의 글
▸ 설명 대상과 주제가 명시적인 글
▸ 주장, 이유, 근거가 명시적인 글
▸ 생각이나 감정이 명시적으로 제시된 글</td>
<td rowspan="2">글의
유형</td>
<td rowspan="2">▸ 절차와 결과를 보고하는 글
▸ 이유를 들어 의견을 제시하는 글
▸ 독자에게 마음을 전하는 글</td>
</tr>
<tr></tr>
<tr>
<td rowspan="2">과정
/
기능</td>
<td rowspan="2">내용
확인·
추론·
평가</td>
<td rowspan="2">▸ 중요한 내용과 주제 파악하기
▸ 내용 요약하기
▸ 원인과 결과 파악하기
▸ 내용 예측하기</td>
<td rowspan="2">읽기의
기초</td>
<td rowspan="2">유창하게
읽기</td>
<td>쓰기의
기초</td>
<td>문단 쓰기</td>
</tr>
<tr>
<td>계획
하기</td>
<td>목적과 주제
고려하기</td>
</tr>
<tr>
<td rowspan="4">내용
생성·
조직·
표현과
전달</td>
<td rowspan="4">▸ 목적과 주제 고려하기
▸ 자료 정리하기
▸ 원인과 결과 구조에 따라 조직하기
▸ 주제에 적절한 의견과 이유 제시하기
▸ 준언어적·비언어적 표현 활용하기</td>
<td rowspan="4">내용
확인과
추론</td>
<td rowspan="4">▸ 중심 생각 파악하기
▸ 내용 요약하기
▸ 단어의 의미나 내용 예측하기</td>
<td>내용
생성
하기</td>
<td>목적과
주제에 따라
내용 생성하기</td>
</tr>
<tr>
<td>내용
조직
하기</td>
<td>절차와
결과에 따라
내용 조직하기</td>
</tr>
<tr>
<td>표현
하기</td>
<td>정확하게
표현하기</td>
</tr>
<tr>
<td>고쳐
쓰기</td>
<td>문장·문단
수준에서
고쳐쓰기</td>
</tr>
</table>

범주	내용 요소					
	듣기·말하기		읽기		쓰기	
과정 / 기능	상호 작용	▸ 상황과 상대의 입장 이해하기 ▸ 예의를 지키며 듣고 말하기 ▸ 의견 교환하기	평가와 창의	▸ 사실과 의견 구별하기 ▸ 글이나 자료의 출처 신뢰성 평가하기 ▸ 필자와 자신의 의견 비교하기	공유 하기	쓴 글을 함께 읽고 반응하기
	점검과 조정	듣기·말하기 과정과 전략 점검·조정하기	점검과 조정	읽기 과정과 전략 점검·조정하기	점검과 조정	쓰기 과정과 전략 점검·조정하기
가치 / 태도	가치· 태도	듣기·말하기 효능감	가치· 태도	읽기 효능감	가치· 태도	쓰기 효능감

초등학교 5~6학년

범주	내용 요소					
	듣기·말하기		읽기		쓰기	
지식 / 이해	듣기· 말하기 맥락	▸ 상황 맥락 ▸ 사회적·문화적 맥락	읽기 맥락	▸ 상황 맥락 ▸ 사회적·문화적 맥락	쓰기 맥락	▸ 상황 맥락 ▸ 사회적·문화적 맥락
	담화 유형	▸ 대화 ▸ 면담 ▸ 발표 ▸ 토의 ▸ 토론	글의 유형	▸ 일상적 화제나 사회적·문화적 화제의 글 ▸ 다양한 설명 방법을 활용해 주제를 제시한 글 ▸ 주장이 명시적이고 다양한 이유와 근거가 제시된 글 ▸ 생각이나 감정이 함축적으로 제시된 글	글의 유형	▸ 대상의 특성이 나타나게 설명하는 글 ▸ 적절한 근거를 들어 주장하는 글 ▸ 체험에 대한 감상을 나타내는 글

범주	내용 요소					
	듣기·말하기		읽기		쓰기	
과정 / 기능	내용 확인· 추론· 평가	▸ 생략된 내용 추론하기 ▸ 주장, 이유, 근거가 타당한지 평가하기	읽기의 기초	없음	쓰기의 기초	없음
					계획 하기	독자와 매체 고려하기
	내용 생성· 조직· 표현과 전달	▸ 청자와 매체 고려하기 ▸ 자료 선별하기 ▸ 핵심 정보 중심으로 내용 구성하기 ▸ 주장, 이유, 근거로 내용 구성하기 ▸ 매체 활용해 전달하기	내용 확인과 추론	▸ 글의 구조를 파악하기 ▸ 글의 주장이나 주제 파악하기 ▸ 글의 구조 고려하며 내용 요약하기 ▸ 생략된 내용과 함축된 의미 추론하기	내용 생성 하기	독자와 매체 고려해 내용 생성하기
					내용 조직 하기	통일성 고려해 내용 조직하기
					표현 하기	독자 고려해 표현하기
					고쳐 쓰기	글 수준에서 고쳐쓰기
	상호 작용	▸ 궁금한 내용 질문하기 ▸ 절차와 규칙 준수하기 ▸ 협력적으로 참여하기 ▸ 의견 비교·조정하기	평가와 창의	▸ 글이나 자료의 내용과 표현 평가하기 ▸ 다양한 글이나 자료 읽기를 통해 문제 해결하기	공유 하기	쓴 글을 함께 읽고 반응하기
	점검과 조정	듣기·말하기 과정과 전략 점검·조정하기	점검과 조정	읽기 과정과 전략 점검· 조정하기	점검과 조정	쓴 글을 함께 읽고 반응하기
가치 / 태도	가치· 태도	듣기·말하기에 적극적 참여	가치· 태도	▸ 긍정적 읽기 동기 ▸ 읽기에 적극적 참여	가치· 태도	▸ 쓰기에 적극적 참여 ▸ 쓰기 윤리 준수

중학교 1~3학년

범주	내용 요소					
	듣기·말하기		읽기		쓰기	
지식 / 이해	듣기·말하기 맥락	▸ 상황 맥락 ▸ 사회적·문화적 맥락	읽기 맥락	▸ 상황 맥락 ▸ 사회적·문화적 맥락	쓰기 맥락	▸ 상황 맥락 ▸ 사회적·문화적 맥락
	담화 유형	▸ 대화 ▸ 면담 ▸ 발표 ▸ 연설 ▸ 토의 ▸ 토론	글의 유형	▸ 인문, 예술, 사회, 문화, 과학, 기술 등 다양한 분야의 글 ▸ 다양한 설명 방법을 활용해 주제를 제시한 글 ▸ 다양한 논증 방법을 활용해 주장을 제시한 글 ▸ 생각과 감정이 함축적이고 복합적으로 제시된 글	글의 유형	▸ 복수의 자료 활용해 다양한 형식으로 쓴 글 ▸ 대상에 적합한 설명 방법을 사용해서 쓴 글 ▸ 타당한 근거를 들어 주장하는 글 ▸ 의견 차이가 있는 사안에 대해 주장하는 글 ▸ 자신의 정서를 표현하는 글
과정 / 기능	내용 확인·추론·평가	▸ 의도와 관점 추론하기 ▸ 논증이 타당한지 평가하기 ▸ 설득 전략 평가하기	읽기의 기초	없음	쓰기의 기초	없음
					계획하기	언어 공동체 고려하기

범주	내용 요소					
	듣기·말하기		읽기		쓰기	
과정 / 기능	내용 생성· 조직· 표현과 전달	▸ 담화 공동체 고려하기 ▸ 자료 재구성 하기 ▸ 체계적으로 내용 구성하기 ▸ 반론 고려해 논증 구성하기 ▸ 상호 존중하 며 표현하기 ▸ 말하기 불안 에 대처하기	내용 확인과 추론	▸ 설명 방법과 논증 방법 파악 하기 ▸ 글의 관점이 나 주제 파악하 기 ▸ 읽기 목적과 글의 구조를 고 려하며 내용 요 약하기 ▸ 드러나지 않 은 의도나 관점 추론하기	내용 생성 하기	복합 양식 자료 활용해 내용 생성하기
					내용 조직 하기	글 유형 고려해 내용 조직하기
					표현 하기	다양하게 표현하기
					고쳐 쓰기	독자를 고려하여 고쳐쓰기
	상호 작용	▸ 목적과 상대 에 적합한 질문 하기 ▸ 듣기·말하기 방식의 다양성 고려하기 ▸ 경청과 공감 적 반응하기 ▸ 대안 탐색하 기 ▸ 갈등 조정하 기	평가와 창의	▸ 복합 양식의 글, 자료의 내 용과 표현 평가 하기 ▸ 설명 방법과 논증 방법의 타 당성 평가하기 ▸ 동일 화제에 대한 주제 통합 적 읽기 ▸ 진로나 관심 분야에 대한 자 기 선택적 읽기	공유 하기	쓴 글을 함께 읽고 반응하기
	점검과 조정	듣기·말하기 과정과 전략 점검·조정하기	점검과 조정	읽기 과정과 전략 점검·조정 하기	점검과 조정	쓴 글을 함께 읽고 반응하기
가치 / 태도	가치· 태도	▸ 듣기·말하기 에 대한 성찰 ▸ 공감적 소통 문화 형성	가치· 태도	▸ 읽기에 대한 성찰 ▸ 사회적 독서 문화 형성	가치· 태도	▸ 쓰기에 적 극적 참여 ▸ 쓰기 윤리 준수

초등학교부터 중학교까지 국어 영역별 성취 기준

1. 듣기·말하기

▶ 초등학교 1~2학년

1. 중요한 내용이나 일이 일어난 순서를 고려하며 듣고 말한다.

2. 바르고 고운 말로 감정을 나누며 듣고 말한다.

3. 상대의 말을 집중하여 듣고 말 차례를 지키며 대화한다.

4. 자신의 경험이나 생각을 바른 자세로 발표한다.

5. 듣기와 말하기에 관심과 흥미를 붙인다.

▶ 초등학교 3~4학년

1. 중요한 내용과 주제를 파악하며 듣고, 그 내용을 요약한다.

2. 원인과 결과의 관계를 고려해 내용을 예측하며 듣고 말한다.

3. 상황에 맞는 준언어적·비언어적 표현을 활용하여 듣고 말한다.

4. 상황과 상대의 입장을 이해하고 예의를 지키며 대화한다.

5. 목적과 주제에 알맞게 자료를 정리해 자신감 있게 발표한다.

6. 주제에 맞는 의견과 이유를 제시하고, 생각을 교환하며 토의한다.

▶ 초등학교 5~6학년

1. 대화에서 생략된 내용을 추론하며 듣는다.

2. 주장을 파악하고 이유나 근거가 타당한지 평가하며 듣는다.

3. 주제와 관련해 궁금한 내용을 질문하며 적극적으로 듣고 말한다.

4. 면담의 절차를 이해하고 상대와 매체를 고려해 면담한다.

5. 자료를 선별해 핵심 정보를 중심으로 내용을 구성하고, 매체를 활용해 발표한다.

6. 토의에 협력적으로 참여하며 서로의 의견을 비교하고 조정한다.

7. 절차와 규칙을 지키고 타당한 이유와 근거를 제시하며 토론한다.

▶ 중학교 1~3학년

1. 화자의 의도와 관점을 추론하며 듣는다.

2. 설득 전략을 비판적으로 분석하며 듣는다.

3. 담화 공동체에 따른 듣기·말하기 방식의 다양성을 고려해 듣고 말한다.

4. 상대의 말을 경청하고, 상대의 감정과 입장에 공감하는 반응을 보이며 대화한다.

5. 면담의 다양한 목적과 상대를 고려해 질문을 점검하고 효과적으로 면담한다.

6. 다양한 자료를 재구성해 내용을 체계적으로 조직하고, 청중이 이해하기 쉽게 발표한다.

7. 토의에서 다양한 의견을 교환해 대안을 마련하고 문제를 해결한다.

8. 토론에서 반론을 고려해 타당한 논증을 구성하고, 논리적으로 반박한다.

9. 감정이나 바라는 바를 진솔하게 표현하면서 갈등을 조정한다.

10. 언어폭력의 문제점을 성찰하고, 서로 존중하는 표현을 사용해서 말한다.

11. 듣기·말하기 과정을 점검하고 듣기·말하기의 어려움을 효과적으로 조정한다.

ㄹ. 읽기

▶ 초등학교 1~2학년

1. 글자, 단어, 문장, 짧은 글을 정확하게 소리 내어 읽는다.

2. 의미가 잘 드러나도록 문장과 짧은 글을 알맞게 띄어 읽는다.

3. 글을 읽고 중심 내용을 확인한다.

4. 인물의 마음이나 생각을 짐작하고, 이를 자신과 비교하며 글을 읽는다.

5. 읽기에 흥미를 들이고 즐겨 읽는 태도를 갖춘다.

▶ 초등학교 3~4학년

1. 글의 의미를 파악하며 유창하게 글을 읽는다.

2. 문단과 글에서 중심 생각을 파악하고 내용을 간추린다.

3. 질문을 활용해 글을 예측하며 읽고 자신의 읽기 과정을 점검한다.

4. 글에 나타난 사실과 의견을 구분하고, 필자와 자신의 의견을 비교한다.

5. 글이나 자료의 출처가 믿을 만한지 판단한다.

6. 바람직한 읽기 습관을 형성하고 읽기에 자신감을 기른다.

▶ 초등학교 5~6학년

1. 글의 구조를 고려하며 주제나 주장을 파악하고 글 내용을 요약한다.

2. 문맥을 고려해 글에서 생략된 내용이나 함축된 표현을 추론한다.

3. 글이나 자료를 읽고 내용의 타당성과 표현의 적절성을 평가한다.

4. 문제 상황과 관련된 다양한 관점의 글을 읽고, 이를 문제 해결에 활용한다.

5. 긍정적인 읽기 동기를 형성하고 적극적으로 읽기에 참여하는 태도를 기른다.

▶ 중학교 1~3학년

1. 읽기는 사회적·문화적 맥락에서 의미를 구성하는 과정임을 이해하며 사회적 독서에 참여하고, 사회적 독서 문화 형성에 이바지한다.

2. 읽기 목적과 글의 구조를 고려하며 글을 효과적으로 요약한다.

3. 독자의 배경지식과 글에 나타난 정보 등을 활용해 글에 드러나지 않은 의도나 관점을 추론하며 읽는다.

4. 복합 양식으로 구성된 글이나 자료의 내용 타당성과 신뢰성, 표현 방법의 적절성을 평가하며 읽는다.

5. 글에 사용된 다양한 설명 방법과 논증 방법을 파악하고, 그 타당성을 평가하며 읽는다.

6. 동일한 화제를 다룬 여러 글이나 자료를 주제 통합적으로 읽는다.

7. 진로나 관심 분야에 대한 다양한 책이나 자료를 찾아 읽는다.

8. 자신의 독서 상황과 수준에 맞는 글을 선정하고, 읽기 과정을 점검· 조정하며 읽는다.

3. 쓰기

▶ 초등학교 1~2학년

1. 글자와 단어를 바르게 쓴다.

2. 쓰기에 흥미를 붙이며 자기 생각이나 느낌을 문장으로 표현한다.

3. 주변 소재를 소개하는 글을 쓴다.

4. 겪은 일을 표현하는 글을 자유롭게 쓰고, 쓴 글을 함께 읽고 생각이나 느낌을 나눈다.

▶ 초등학교 3~4학년

1. 중심 문장과 뒷받침 문장을 갖춰 문단을 쓰고, 문장과 문단을 중심으로 고쳐 쓴다.

2. 절차와 결과가 드러나게 정확한 표현으로 보고하는 글을 쓴다.

3. 대상에 대한 자신의 의견과 그렇게 생각한 이유가 드러나게 글을 쓴다.

4. 목적과 주제를 고려해 독자에게 마음을 전하는 글을 쓴다.

5. 자신의 쓰기 과정을 점검하며 쓰기에 자신감을 갖는다.

▶ 초등학교 5~6학년

1. 알맞은 내용을 선정해 대상의 특성이 나타나게 설명하는 글을 쓴다.

2. 적절한 근거를 사용하고 인용의 출처를 밝히며 주장하는 글을 쓴다.

3. 체험한 일에 대한 감상을 나타내는 글을 쓴다.

4. 독자와 매체를 고려해 내용을 생성하고 표현하며 글을 쓴다.

5. 쓰기 과정을 점검·조정하며 글을 쓰고, 글 전체를 대상으로 통일성 있게 고쳐 쓴다.

6. 쓰기에 적극적으로 참여하며 자신의 글을 독자와 공유하는 태도를 갖춘다.

1. 대상의 특성에 적합한 설명 방법을 활용해 글을 쓴다.

2. 복수의 자료를 활용해 다양한 형식으로 정보를 전달하는 글을 쓴다.

3. 주장을 뒷받침할 타당한 근거를 들고, 적절한 표현을 사용해 주장하는 글을 쓴다.

4. 의견 차이가 있는 사안에 대해 자료를 수집하고, 사회적·문화적 맥락을 고려하며 주장하는 글을 쓴다.

5. 자기 삶과 경험을 바탕으로 정서를 진솔하게 표현하는 글을 쓴다.

6. 다양한 표현을 활용해 자기 생각과 느낌이 드러나는 글을 쓰고, 독자와 공유한다.

7. 복합 양식 자료를 활용해 내용을 생성하고, 글의 유형을 고려해 내용을 조직하며 글을 쓴다.

8. 쓰기 과정과 전략을 점검·조정하며 글을 쓰고, 독자를 고려해 글을 고쳐 쓴다.

9. 언어 공동체의 구성원인 필자로서 자신에 대해 성찰하며, 윤리적 소통 문화를 형성하는 데 이바지한다.

불안을 잠재우는 문해력 상담소

초판 1쇄 발행 2026년 4월 27일

글 한희정
펴낸이 김명희   편집장 이은희   교정·교열 김지영
디자인 씨오디   마케팅 노수아

펴낸곳 다봄   등록 2011년 6월 15일 제2021-000136호
주소 서울시 마포구 토정로 222 한국출판콘텐츠센터 305호
전화 02-446-0120   팩스 0303-0948-0120
전자우편 dabombook@hanmail.net   인스타그램 @dabom_books

ISBN 979-11-94148-56-2   03590